BEI GRIN MACHT SICH IHR WISSEN BEZAHLT

AF387542

- Wir veröffentlichen Ihre Hausarbeit, Bachelor- und Masterarbeit

- Ihr eigenes eBook und Buch - weltweit in allen wichtigen Shops

- Verdienen Sie an jedem Verkauf

Jetzt bei www.GRIN.com hochladen und kostenlos publizieren

Bibliografische Information der Deutschen Nationalbibliothek:

Die Deutsche Bibliothek verzeichnet diese Publikation in der Deutschen National-
bibliografie; detaillierte bibliografische Daten sind im Internet über http://dnb.d-
nb.de/ abrufbar.

Impressum:

Copyright © 2018 GRIN Verlag
Druck und Bindung: Books on Demand GmbH, Norderstedt Germany
ISBN: 9783668760974

Dieses Buch bei GRIN:

https://www.grin.com/document/434691

Michel Felgenhauer

Spherical Joint Mechanism und biologische Wölbphäno-mene

Emergence of biological and artificial vaulting phenomena

GRIN Verlag

Spherical Joint Mechanism und biologische Wölbphänomene
Emergence of biological and artificial vaulting phenomena

Je mehr ich über die Kinematik biologischer Wölbstrukturen rede, umso weniger werde ich verstanden. Ich muss mich also um einfache Bilder bemühen ohne die immer komplexer werdende Physik aus den Augen zu verlieren.

Michel Felgenhauer, Berlin im Sommer 2018

Über Spherical Joint Mechanism (SJM)

Das Mittelhandknochensystem der Wirbeltiere, insbesondere die menschliche Handwurzel ist anatomisch eines der komplexesten Gelenke aller biologischen Bewegungsapparate. Die Menschenhand stellt als Tast- und Greiforgan den mit Abstand differenziertesten Abschnitt der oberen Extremität dar. Hände sind auch für den medizinischen Laien ein Wunderwerk. Sich der Menschenhand, der Wirbeltierhand, der Delfinhand letztendlich wissenschaftlich zu nähern, ja nähern zu dürfen, geschieht voller Respekt gegenüber den betrachteten Lebewesen und auch gegenüber den Fachleuten auf diesem Gebiet, den Naturwissenschaftlern. Ich werde nachfolgend von Systemen und von Getrieben, von Polygonen und Gelenken sprechen wohlwissend, dass die beschriebenen Biosysteme „Wesen" sind. Meine Forschung an Mittelhandknochen von Wirbeltieren begann vor etwa 12 Jahren; damals wie heute ist diese Forschung nicht einmal ein sekundäres noBudged-Projekt. Was mich aber nicht davon abhält, es als wichtig zu betrachten. Am Anfang dachte ich, dass das Handgelenk der Wirbeltiere eine rätselhafte Artikulation mit lustig geformten Gelenkflächen sei, doch in den Jahren lernte ich, dass ich mich vor einem kinematischen Problem niemals bislang erlebter Komplexität befand und befinde. Das Vorankommen ist langsam und zäh. Falls es denn ein Vorankommen ist. Die Sicht des Ingenieures, des Designerns, meine technische Sicht ist verstellt von dem Anspruch etwa sehen zu wollen, das als Mechanismus taugt. Es ist die passive Kinematik selbst, die gefunden werden will. Es ist das Dilemma des Epimetheus, des vielleicht nicht so Genialen, des Technik- und Wissenschafts-Hedonisten, des ewig Nachdenkenden, im Sinne des erst verspätet gedacht Habenden. Dieser Epimetheus ist es, der den Apfel in der Hand wiegt und spürt, wie selbst willenlose Finger das Objekt umgreifen, es kann sich also nur um eine passive Mechanik handeln. Was solle es auch anderes sein. Von seinem Bruder belächelt bestellt er sich eine Knochenhand im Internet, nicht ohne vorher prahlerisch zu wetten, dass diese – nun wirklich und tatsächlich als tot und passiv zu bezeichnende Hand, sich ebenfalls um den Apfel schließt. Die Knochenhand tut es nicht, was Epimetheus auf die Präparation derselben schiebt.

Darüber hinaus gibt es auch vernünftige Herangehensweisen. Es sind in der Vergangenheit zahlreiche Forschungsansätze und Ergebnisse über die Analyse der Vertebratenhand bekannt. Und Ihrer Synthese, etwa von Kurvengetrieben die Kraft- und Bewegungsübertragung zwischen benachbarten Knochenoberflächen zu entschlüsseln suchen. Eine valide biomechanische Modellierung und Simulation des Gesamtbewegungsverhaltens des Mittelhandknochensystems steht aber bis heute aus, beziehungsweise es liegen nur Untersuchungsergebnisse nicht in einer für die Übertragung auf artifizielle Systeme geeigneten Form vor. Gehen wir dennoch von einer eher vulgärwissenschaftlichen Sicht auf die Analyseaufgabe zu und befassen uns mit dem, was vor dem Techniker offensichtlich ans Licht tritt. Die Hand als Getriebe. Nun gibt es unterschiedliche Ansätze zur Beschreibung von sphärischen Gelenkplattengetrieben. Ein Weg führt über die Betrachtung Platonischer Körper. Die Gemeinsamkeit Platonischer Körper mit Gelenkgetrieben besteht darin, dass sie beide im Wesentlichen aus beweglich miteinander verbundenen Teilsystemen, hier Polyedern, bestehen. Polyeder werden ihrerseits durch ebene Polygone beschrieben. Die Unterschiede bestehen in den Konstruktionsprinzipien und den Forderungen oder Voraussetzungen, die an das jeweilige Modell gestellt werden; diese Forderungen haben jedoch erheblichen Einfluss auf die Eigenschaften eines jeden artifiziellen sphärischen Gelenkgetriebes.

Beginnen wir mit den Grundbausteinen sphärischer Gelenkgetriebe, den beweglichen Gelenkketten und definieren diese als „bewegliche Verbindungen von Körpern, die infolge ihrer dauernden Berührungen an bestimmten Stellen in ihren gegenseitigen Bewegungen beschränkt sind." Es gilt nun Bedingungen zu finden dafür, dass eine bestimmte Bewegungs-freiheit – der Zwanglauf – bei einem Modell vorhanden ist. Die hier avisierten räumlichen Mechanismen können in Facetten (räumlicher) Polyeder einbeschrieben werden. In diesem Zusammenhang sind die Begrifflichkeiten und fundamentalen Eigenschaften von konvexen Polyedern von Interesse. Ein Polygon[1] entsteht wenn in einer Zeichenebene mindestens drei verschiedene, nicht kollineare Punkte miteinander verbunden werden durch Strecken (Kanten oder Seiten), sodass ein geschlossener Polygonzug mit ebenso vielen Ecken entsteht. Polygone, die einen Polyeder bilden, werden Facetten genannt. Eine Kante ist genau die Strecke an einem Polyeder, an der sich zwei Facetten berühren. Eine Ecke ist der Punkt, an dem mehrere Kanten zusammenstoßen.

Definition: Ein (konvexes) Polyeder ist ein geschlossener räumlicher Fest-körper der von endlich vielen ebenen Facetten begrenzt wird. Ein Polyeder ist dann ein konvexes Polyeder, wenn zwei Punkte auf dem Polyeder verbunden werden und deren Verbindungsstrecke ganz im Polyeder enthalten ist.

Der altgriechische Mathematiker und Philosoph Platon[2] sah regelmäßige Polyeder als symbolische Repräsentation der vier Elemente Feuer (Tetraeder), Wasser (Ikosaeder), Erde (Würfel), Luft (Oktaeder) und des gesamten Kosmos (Pentagondodekaeder). In den Jahrhunderten danach und in der westlichen Welt gewann die Beschäftigung mit Polyedern mehr und mehr an praktischer Bedeutung. Leider reichen meine Recherchen nicht in das fernöstliche Altertum, auch wenn streng davon auszugehen ist, dass sich chinesische Mathematiker mit dem Problem der Raum- und Flächenteilung intensiv beschäftigt haben müssen. Wir sehen uns gerne als die von der ABC-Welt verwöhnten Herren über das Wissen der Dinge und ahnen nichts von den

---

[1] Polygone werden typischerweise nach der Zahl der Ecken benannt: Dreieck (Trigon), Viereck (Tetragon), Fünfeck (Pentagon), Sechseck (Hexagon), Siebeneck (Heptagon), Achteck (Oktogon, aber englisch octagon), Neuneck (Nonagon), Zehneck (Dekagon), Elfeck (Hendekagon), Zwölfeck (Dodekagon),

[2] Platon (altgriechisch Πλάτων Plátōn, latinisiert Plato; * 428/427 v. Chr. in Athen oder Aigina; † 348/347 v. Chr. in Athen) war ein antiker griechischer Philosoph. Er war Schüler des Sokrates, dessen Denken und Methode er in vielen seiner Werke schilderte. Die Vielseitigkeit seiner Begabungen und die Originalität seiner wegweisenden Leistungen als Denker und Schriftsteller machten Platon zu einer der bekanntesten und einflussreichsten Persönlichkeiten der Geistesgeschichte.
https://de.wikipedia.org/wiki/Platon

Schätzen der Anderen, nur weil wir nicht mit Ihnen reden. Oder nach ihnen fragen. Epimetheus hat auch seine arrogante Seite. Das Werk Zhao Shuang etwa fasst die Mathematik chinesischer Gelehrter der Zeit 100 v. Chr. bis 100 n. Chr. zusammen und stellt Formeln und Rechenanweisungen zur Astronomie und Vermessungskunde (Zhou Bi Suan Jing Zhou, Gnomon-Schatten-Rechnung) ein. Aus anderen Quellen ist bekannt, dass Jiu das Werk Chiu Chang Suan Shu (CCSS, Jiu Zhang Suan Shu) im vierten Jahr der Jingyuan Herrschaft von Prinz Chenlieu bearbeitete; dieses ist das Jahr 263 n. Chr. in der westlichen Welt. Das Werk Jius enthält Aufgaben zur zweifachen Regula Falsi (Ying Buzu Shu), wie man sie erst 1202 in einer arabischen Schrift findet[3]. Es ist beschämend.
Egal. Für konvexe Polyeder gilt der Euler'sche Polyedersatz: $e - k + f = 2$, wenn ein Polyeder e Ecken, k Kanten und f (ebene) Facetten besitzt.

Definition Polyeder: Ein Platonischer Polyeder[4] bzw. ein regelmäßiger Polyeder ist ein konvexer Polyeder, dessen Facetten aus kongruenten, regelmäßigen Vielecken besteht und an jeder Ecke gleich viele von diesen aufeinanderstoßen.

Mehrere Polygone können eine Polygonkette bilden. Ebene Polygonketten können unter bestimmten Bedingungen regelmäßige oder unregelmäßige Parkette bilden, die ihrerseits wieder eben oder räumlich sein können. Wir werden uns in diesem Zusammenhang zunächst nur mit sehr einfachen ebenen Polygonstrukturen und mit beweglichen Parketten befassen. Bewegliche, zunächst ebene Polygonstrukturen sind für mich deshalb so interessant, weil – ebenfalls unter bestimmten Bedingungen – materialisierte Parkette aus regelmäßigen und unregelmäßigen Polyedern, unter mechanischer Beaufschlagung Mechanismen entwickeln, die als technische oder biologische Getriebe arbeiten und (in Natur und Technik) zwangsläufige (passive) kinematische

---

[3] Herrmann, D. (2016) Mathematik im Mittelalter. Die Geschichte der Mathematik des Abendlandes mit ihre Quellen in China, Indien und im Islam. Springer Verlag ISBN 978-3-662-50289-1.

[4] Die Platonischen Körper (nach dem griechischen Philosophen Platon) sind die Polyeder mit größtmöglicher Symmetrie. Jeder von ihnen wird von mehreren deckungsgleichen (kongruenten) ebenen regelmäßigen Vielecken begrenzt. Eine andere Bezeichnung ist reguläre Körper (von lat. corpora regularia). Es gibt fünf platonische Körper. Ihre Namen enthalten die griechisch ausgedrückte Zahl ihrer begrenzenden Flächen und eder als Abwandlung des griechischen Wortes ἕδρα (hedra) (s.auch Polyeder), deutsch (Sitz-)Fläche. Tetraeder (Vierflächner, Oberfläche aus vier Dreiecken), Hexaeder (Sechsflächner, Oberfläche aus sechs Quadraten) – der Würfel, Oktaeder (Achtflächner, Oberfläche aus acht Dreiecken), Dodekaeder (Zwölfflächner, Oberfläche aus zwölf Fünfecken) – auch Pentagondodekaeder genannt, um auf die Oberfläche aus Fünfecken als seine Besonderheit hinzuweisen Ikosaeder (Zwanzigflächner, Oberfläche aus zwanzig Dreiecken). https://de.wikipedia.org/wiki/Platonischer_K%C3%B6rper

Aufgaben erfüllen. Die hierbei auftretenden „Mechanismen" können einfach oder sehr komplex sein.

> Definition Mechanismus: Ein ebener Mechanismus besteht aus einer Anzahl von (starren) Körpern (Systemen) deren freie Beweglichkeit durch Gelenke (Verbindungen) eingeschränkt wird. Besitzt ein Mechanismus n Systeme so spricht man von einer n-gliedrigen kinematischen Kette.

Ein ebener Parkett-Mechanismus besteht aus einer Anzahl von zunächst starren Polygonen, deren Beweglichkeit durch Kantengelenke eingeschränkt wird. Besitzt ein Parkett-Mechanismus n Polygonbausteine, so sprechen wir von nun an von einem n-gliedrigen kinematischen Parkett. Wir werden unten sehen, dass sich die kinematische Wirklichkeit dann verkompliziert, wenn wir auf reale Systeme schauen. So lange die Lagerungen spielfrei und die Polygonbausteine des kinematischen Parkettes starr angenommen werden dürfen (kinematische Wirklichkeit), ist auch die passive Zwangsläufigkeit des Getriebes vergleichs-weise leicht zu verstehen und der Mechanismus intuitiv zu erahnen. In der mechanischen Realität, die sich von unserer theoretischen Wechselwirklichkeit der modellierten Welt auf unseren Schreibtischen, Kreide-tafeln und Computerbildschirmen gerade durch die elastischen und plastischen Eigenschaften realer Stoffe und Fügungen unterscheidet, tauchen „kinema-tische Schmutzeffekte" auf, emergiert ein (in aller Regel) räumliches Verschie-bungs- Verzerrungs- und Verformungsgebaren der betrachteten Polygon-Parkett-Struktur, dessen kinematische Analyse sich meiner formalen metho-dischen und leider wohl auch meiner intellektuellen Möglichkeiten entzieht. Wir werden also in diesem Aufsatz gelegentlich den formalen (geschlossenen) Pfad verlassen und anregen, die kinematische Komplexität des Gesamtsystems oder seiner Teile durch den Einsatz iterativer Verfahren, wie etwa der Finite Element Methode (FEM) situativ zu vermindern. Dies nur als Ankündigung. Wir werden des Weiteren sehen und erklären, dass die erwünschten Wölb und Verformungsaufgaben gerade erst durch jene kinematischen Schmutzeffekte „realisiert" werden, die in realen, von der mechanischen Wechselwirklichkeit unterschiedenen, Polygonketten auftauchen. Interessanter Weise werden biologische Kinematiken in erster Linie durch Übertragungsungenauigkeiten in den „Lagern" ermöglicht, während die Polygone (Knochen und Knöchelchen) als starr erscheinen, in artifiziellen Kinematiken werden es in erster Linie die

Strukturverformungen sein, die die (ich werde nicht müde zu betonen) erwünschte Wölbphänomenologie auftauchen, emergieren. Klären wir trotz allem weiter die Begriffe und formalen Instrumente. Ich sprach oben von intelligenter Mechanik i-mech und davon, dass Polygon-Parkett-Strukturen bei mechanischer Beaufschlagung Mechanismen entwickeln, die zwangs-läufige, passiv-kinematische Aufgaben lösen.

> Definition Zwanglauf: Eine Anordnung ist eine Zwanglaufkette genau dann, wenn jedes Glied eines Mechanismus gegenüber jedem anderen nur eine einpaarige Bewegung durchführen kann.

Das klingt zunächst einmal banal. Und ich zumindest war an dieser Stelle der Meinung das Problem – wenn auch noch nicht gelöst, so immerhin – verstanden zu haben, obwohl die Zuversicht, den Begriff des Zwanglaufs lokaler Mechanismen auf strukturierte Wölbphänomene wie beispielsweise der Beweglichkeit der Parkette aus regelmäßigen und unregelmäßigen Polyedern transformieren, durchaus einige Risse aufweist. Zwangslaufketten können beliebig viele Elemente besitzen; ihre Beweglichkeit nimmt aber keinen Falls auch beliebige Grade an. Vorausbestimmbares kinematisches Gebaren höher-gradiger Polygon-Parkett-Strukturen kann im Sinne einer Zwangsläufigkeit definiert und kinematisch bestimmt sein; es (das Polygon-Parkett) kann außerdem kinematisch überbestimmt sein und es kann kinematisch unterbe-stimmt sein. Wie ist das zu verstehen? Theoretikern hilft hier nur noch die Theorie.

Zum theoretischen Freiheitsgrad eines Parketts aus regelmäßigen und unregelmäßigen Polyedern betrachten wir den Getriebefreiheitsgrad F, der genau die Anzahl der Antriebsparameter bemisst, die bei einem Getriebe einzu-leiten sind, damit alle Getriebeglieder eine eindeutige Bewegung ausführen, etwa so: Es seien die Körper A und B in der Ebene. Untersucht man die Bewegung eines Körpers A gegenüber des anderen Körpers B, so ist der Freiheitsgrad die Anzahl der unabhängigen reellen Parameter, die Körper A gegenüber Körper B positionieren. Bei Modellen artifizieller Getriebe und damit kinematisch eindeutigem Wechselwirkungsgeschehen idealstarrer Getriebeglie-der und idealer Lagerungen ist der theoretische Getriebefreiheitsgrad F=1. Daraus resultiert eine passive (Getriebe-) Zwangsläufigkeit: Ein Getriebe sei zwangsläufig genau dann, wenn der Stellung der Antriebsglieder in der kinematischen Kette die Stellungen der übrigen Glieder eindeutig zugeordnet sind. Die Beweglichkeit eines Körpers wird durch seine Freiheitsgrade quantifiziert. Im kartesischen (X,Y,Z)-Raum[5] besitzt jedes Glied einer kinematischen Kette r=6 Freiheitsgrade. Ein frei im Raum beweglicher Körper vermag dem entsprechend drei Translationen entlang der Koordinatenachsen und drei Rotationen um eine Koordinatenachse auszuführen. In unserem Fall sind die e Glieder der kinematischen Kette Polygone, deren Kanten die verknüpfenden Gelenke. Ein Kantengelenk, das nur eine Rotation ermöglicht, hat einen lokalen Freiheitsgrad, ebenso ein reines Schubgelenk. Für e Polygone der kinematischen Kette müssen alle jeweils lokalen Gelenke f betrachtet und über den e Polygonen im Spiel aufgetragen werden. Der Freiheitsgrad eines Gelenks (lokaler Gelenkfreiheitsgrad) zwischen zwei Körpern A und B ist die Anzahl der unabhängigen reellen Parameter, die von dem Gelenk bei der Positionierung von Körper B gegenüber Körper A noch frei einstellbar sind (z.B.: die Schiebstrecke bei einem Schubgelenk oder der Drehwinkel bei einem Scharnier). Für den allgemeinen idealisierten dreidimensionalen Fall soll gelten:

Allgemeine Zwangslaufbedingung $\quad\quad F=r(n-1) - \Sigma_{g=1,e}(r-f)_g$

Durch die Verkettung mit anderen Körpern wird ein Körper in seiner Beweglichkeit eingeschränkt und seine Freiheitsgrade reduzieren sich entsprechend der Art der Verbindung auch dann, wenn das Getriebe zwangläufig ist und die Stellung des Antriebgliedes die Stellung der übrigen Glieder eindeutig bestimmt.

Zwangslaufbedingung im Raum $\quad\quad F=6(n-1) - \Sigma_{g=1,e}(6-f)_g$
Zwangslaufbedingung in der Ebene $\quad\quad F=3(n-1) - \Sigma_{g=1,e}(3-f)_g$

mit: f lokalen Gelenkfreiheitsgraden von
      n Polygonen und
      e Gelenken

Gegeben sei ein Mechanismus mit n starren Körpern, die durch g Gelenke mit dem (jeweils lokalen) Freiheitsgrad f gekoppelt sind. Einer dieser Körper sei nun

---

[5] In der Ebene zwei translatorische und ein rotatorischer Freiheitsgrad (F=3), im Raum drei translatorische und drei rotatorische Bewegungsmöglichkeiten (F=6).

fixiert. Von den n starren Körpern sind nun also nur noch (n-1) restliche Systeme in der Ebene frei beweglich. Weil jedes Teilsystem in der ebene 3 Freiheitsgrade besitzt, kann das aus den restlichen (n-1) Teil-Systemen bestehende Gesamtsystem 3(n-1) Einzelbewegungen durchführen. Diese Bewegungen werden durch 3(n-1) unabhängige Parameter gegenüber dem fixierten System beschrieben. Baut man nun ein Gelenk mit dem lokalen Freiheitsgrad f ein, wird die Beweglichkeit (weiter und weiter) eingeschränkt und führt dazu, dass die Beweglichkeit eines Körpers pro Gelenk um (3-f) vermindert wird. Das ist die tradierte Argumentation zur Analyse ebener Getriebe nach Grübler[6]. Sind im System alle Gelenke eindeutig und damit die lokalen Gelenkfreiheitsgrade f=1 und ist der theoretische Gesamtfreiheitsgrad der kinematischen Kette (gemäß der obigen Definition) eindeutig F=1, so finden wir für ein beliebig komplexes Getriebe mit e Gelenken eine Bedingung für passiven Zwanglauf in der Ebene, also für den Gesamtfreiheitsgrad F=3(n-1)–2e   nach P.L. Tschebyschev[7] (mit f lokale Gelenkfreiheitsgrade n Polygone, e Gelenke), beziehungsweise die auf ebene Polygongetriebe übertragene mechanische Zwangsläufigkeit:

Zwanglaufbedingung ebener Gelenkketten: 2e – 3n + 4 = 0

Kommen wir noch einmal auf die gelenkigen Verknüpfungen der Polygone zurück. Wir sehen in der Abbildung 1 links ein Gelenkgetriebe mit zwei Wechselwirkungspartnern. Die Glieder der hier betrachteten sehr einfachen Gelenkkette sind die Polygone A und B die sich gegenseitig an jeweils einer Kante berühren und somit ein Verbindungsgelenk GAB bilden. An der Drehachse dieses Scharniergelenks können die beiden miteinander verbundenen Polygone hin- und herklappen. Die Gerade, auf der die Verbindungskante rotiert ist die Drehachse des Gelenks GAB. Überprüfen wir nun dieses einfache Gelenkplattengetriebe mit der Formel von Tschebyschev und wenden die oben gefundene Zwanglaufbedingung ebener Gelenkketten (2e–3n+4=0) an, sehen wir, mit (e=1) Gelenken (vom Typ f=1) und (n=2) Polygonen das Tschebyschev-

---

[6] Die Grüblerschen Gleichungen wurden 1917 und 1918 fast gleichzeitig und unabhängig voneinander sowohl von Martin Fürchtegott Grübler (1851–1935) als auch von Maurice d'Ocagne aufgestellt. Sie werden in der Technik verwendet, um die Beweglichkeit von Getrieben zu beschreiben. Dabei werden die Beweglichkeiten der die Getriebeteile verbindenden Gelenke betrachtet.

[7] Diese Problematik wurde bereits 1869 von P.L. Tschebyschev untersucht und später von M. Grübler (siehe oben) als Zwanglaufkriterium allgemeiner Getriebe abgeleitet und formuliert.

Kriterium erfüllt. Erweitern wir aber die ebene Getriebekette um ein weiteres Glied und fügen das Polygon C an die existierende Form, sehen wir mit (e=3) Gelenken (vom Typ f=1) und (n=3) Polygonen die Zwanglaufbedingung das Tschebyschev-Kriterium (2e−3n+4=1) plötzlich nicht! mehr erfüllt.

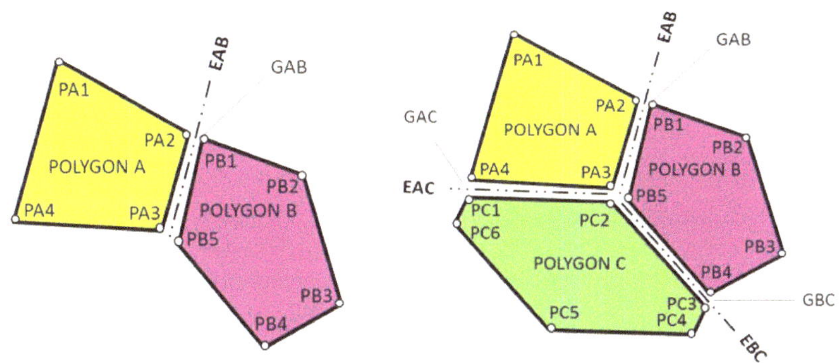

Abb.: 1
Zweigliedriges Gelenkplattengetriebe (links im Bild) und ein erweitertes Getriebesystem.

Was ist passiert? Das Tschebyschev-Kriterium für ebene Polygongetriebe wollen wir an dieser Stelle mal nicht anzweifeln; aber vielleicht ist es für unsere Fragestellung einfach nicht geeignet. Gleichzeitig fällt bei einem zweiten Blick (Abb.1) zu unserem Getriebe auf, dass sich das Polygonsystem trotz dreier Gelenke wie eine starre Scheibe verhalten wird und in dieser Gelenkkette keinerlei Bewegung übertragen werden, weil sich die Gelenke gegenseitig „sperren". Intuitiv stimmen wir dieser Kinematik zu; vielleicht, weil sie uns gelegentlich als Konstruktionslösung begegnet, vielleicht weil unser räumliches Denken sofort die Y-Kante eines Tetra-Pack aufblitzen lässt, der wir ja im Alltag als stabilem System Vertrauen schenken. Die Tragfähigkeit der Y-Fuge kann man mit einem kleinen Pappmodell leicht überprüfen. Ah, sieh da Tschebyschev, wer hätte das gedacht? So eine schlaue Formel!

Aber wie so oft im Leben ist die jähe Enttäuschung vorprogrammiert und fest eingebaut. Denken wir uns hierzu ein mögliches Gelenkplattenszenario, das ebenfalls aus drei Wechselwirkungspartnern besteht, aber definitiv eine Klappe

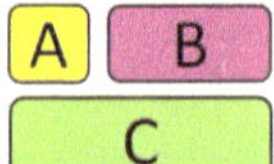

ausbildet (kleines Bildchen, rechts), so sehen wir leider unmittelbar, dass das Tschebyschev-Kriterium für die Betrachtung der passiven Zwangskinematiken unserer Gelenkgetriebe nicht geeignet ist, was sich am nebenstehenden Dreikörpersystem, welches drei Gelenke aber nur zwei Gelenkebenen! besitzt und somit ebenfalls ein Klappengelenk ausbildet, leicht überprüfen lässt. Wie wir später herausarbeiten, war die Tschebyschev-Argumentation aber nicht umsonst.

Das Tschebyschev-Kriterium ist für unsere erweiterungsoffenen Systeme nicht hinreichend. Um das Bewegungsgebaren vielgliedriger ebener Gelenggetriebe – wir sprachen oben über das komplizierte Mittelhandknochensystem der Vertebratenhand - zu analysieren, müssen wir wesentlich mehr Informationen über das (Komplex-) System ermitteln und in unser vereinfachendes Modell einspeisen. Offenbar gibt es über den lokalen Freiheitsgrad, den wir lediglich eine Scharniereigenschaft jedes Gelenks zuordnen hinaus, noch übergeordnete Kriterien, die der Frage nachgehen ob und wie viele Gelenkebenen der Getriebekette gemeinsame Schnittpunkte besitzen, ob sie sich (in der dreidimensionalen Betrachtung) schneiden und in welchen Winkeln sie das tun. Gleichzeitig werden wir, ähnlich den Nullstäben in Fachwerkstrukturen, Getriebeketten mit (sagen wir vielleicht:) „NULL-Gelenken", also gelenklosen Fugen ausstatten (müssen), um die komplexen Funktions- und Gestaltungsverhältnisse biologischer Gelenkkettenstrukturen und deren Umsetzung in artifizielle Systeme abbildbar zu machen. Derartige Gelenkketten sind weder Stand der Technik, noch für irgendjemanden von (technischem) Interesse. Ehrlich gesagt wüsste ich jetzt auch nicht zu behaupten, in welcher Branche derartige Gelenkgetriebe eine bedeutsame Rolle spielen könnten. Zum Glück müssen wir uns um Nutzen, Sinn, Kosten und Renditen keinerlei Gedanken machen und dürfen nach Herzenslust herumforschen[8].

---

[8] Grundgesetz für die Bundesrepublik Deutschland:
Art 5 (3) Kunst und Wissenschaft, Forschung und Lehre sind frei. Die Freiheit der Lehre entbindet nicht von der Treue zur Verfassung. https://www.gesetze-im-internet.de/gg/art_5.html

Für die Betrachtung ebener Getriebeketten die auch NULL-Gelenke erlauben, lohnt sich ein kurzer Ausflug in die Kunst des Origami, bzw. des Kirigami. Dies kann nützlich sein, weil die asiatische Faltkunst von einem ebenen Blatt Papier ausgehend, durch Falze und Knicke und in einer Erweiterung des Kirigami durch Schnitte sphärische Konstrukte erzeugt. Die ebene Ausgangskonfiguration erinnert in unserem Zusammenhang an die mechanische Ruhelage ebener Gelenkkettengetriebe. Origami und Kirigami waren in den vergangenen Jahren Forschungsgegenstand unterschiedlicher wissenschaftlicher Disziplinen. Dabei ist die alte japanische Kunst des Papierfaltens in unserer modernen Zeit zugleich der Versuch, grundsätzliche Prinzipien der ENTFALTUNGEN in der belebten Natur zu entschlüsseln. Gemeint sind die Tragflügel von Wirbeltieren und in einer ganz famosen Weise jene der Insektenwelt, Blüten- und Blattknospen, die Gehirnwendungen und unsere Gene. Letztendlich. Der Energieumsatz und der Materialeinsatz ist beim Origami und Kirigami oftmals ein Minimum schon deshalb, weil die Ausgangslage des Verfaltungsprozesses das ebene Blatt ist. Dieser Umstand ist für einen technischen Optimierungs-prozess nicht unerheblich immer dann, wenn aus technologischen Zwängen die Zwischenprodukte einer technischen Ausführung aus einem ebenen Halbzeug heraus konfektioniert werden sollen, um dann in einem sphärischen Gewölbe Funktionen, etwa Kraft- und/oder Arbeitsprozesse zu ermöglichen. Das Qrigami zwingt darüber hinaus den mit derartigen Konstruktionen Betrauten, Material und Gestalt als eine nicht trennbare Einheit aufzufassen. Deshalb wohl liegt in den Gestaltungswissenschaften der Fokus auf der Voraussage kinematischer Eigenschaften des Gefüges und in einem zweiten Schritt der Programmierung so genannter „rekonfigurierbarer mechanischer Meta-materialien"; insbeson-dere die Rekonfiguration der planaren Ausgangslage. In Erweiterung des klassischen Origami erlauben Kirigamiinspirierte Metamaterialien neben Knicken und Falzen auch gelenklose Fugen, also Gestaltungselemente, die keine (rückstellenden) Momente übertragen und damit Einfluss auf den — wie wir gerade gesehen haben komplexen — Gesamt-freiheitsgrad der Konstruktion ausüben. Auch der Begriff der Metamaterialien könnte für die Analyse biologischer und der Synthese artifizieller Gelenkkettenstrukturen auf eine nützliche Metapher führen. Worüber nachzudenken bleibt. Die Zulässigkeit von Schnitten, zusätzlich oder entlang eines Falzes führt in der Kirigamikunst zu mechanischen Instabilitäten und elastischen Konstrukten, die hier (im Kirigami) den Vorrat an Anfertigungsmethoden derlei räumlicher Gestalt erweitern.

Instabilitätsinduzierte Kirigami-Designs stellen aber eher eine Ausnahme dar. Den ersten Kontakt zur Origamikunst habe ich Ende der 90er Jahre, als Biruta Kressling[9] Workshops für Kinder und auch Große leitet und ich – in einer Vortragspause mich auf einen Stuhl plumpsen lassend - am Anfang überhaupt nicht verstehe, worin der Zusammenhang dieser lustigen Knickfiguren zu unserer (technik-affinen) Bionik-Ausstellung[10] in den Hallen des Siemens-Forums Berlin bestehen soll. Biruta ist ein ganz aparter, feiner Mensch. Sie gibt mir lächelnd ein Blatt gelber Pappe; ich solle einfach alles nachzeichnen und falten, was sie zeichnet und faltet. Ah, das ist ja entspannend; obwohl: beim Ha-Ori-Faltmuster kommt es offenbar ganz besonders darauf an, dass die 60-Grad-Falte immer in exakt gleichem Rapport gezeichnet (drück mal ein bisschen mehr auf. Und: Nimm einen Kugelschreiber, keinen Füller) und dann gefalzt (nicht über die Palallelen kritzeln, bitte) und dann gefaltet (Du hättest Berg- und Talfalten verschiedenfarbig zeichnen sollen) wird, was für Grobmotoriker durchaus eine Herausforderung darstellt (das nächste Mal machst Du das einfach ein wenig größer, ja?) immer dann, wenn man sich bei allem Hin- und Herfalten auch noch merken muss, welche Ypsilone Bergfalten (durchgezogene Linien in der Vorlage) sind und welche Ypsilone gerade als Talfalten (gestrichelte Linien ebendort) geknickt werden sollen. Das ist alles sehr mühsam, denn das lokale Faltmuster wird nun so 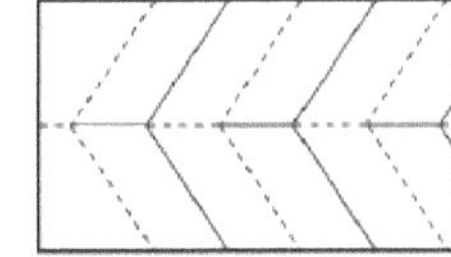 lange wiederholt, bis das gesamte Blatt verfaltet ist. Die Frage, wozu das nütze sein und das Ganze taugen könnte, stellt sich gar nicht, weil man die Idee dieser Faltstruktur sinnlich mit den Händen wahrnimmt und der Begriff „Entfaltung" eine unmittelbare Erklärung findet. Die Ha-Ori-Falte ist die artifizielle Ableitung des Rotbuchen-Blattes (Fagus sylvatica). Die Knospen der Rotbuche enthalten das schon im Herbst des vorangehenden Jahres das vollständig vorgefaltet angelegte Blatt (Preformation?) und geben es nach der Winterruhe im Frühling in einem spektakulären Vorgang zehntausendfach frei;

---

[9] Biruta Kresling is a Paris-based architect and independant researcher on folded structures—specifically how nature folds and unfolds tree leaves, tortoise shell bamboo, turbinate mollusk shells, the air sac of the hawkmoth Achaerontia atropos, and other biological structures, see also: Folded and Unfolded Nature. Von Biruta Kresling in: Origami Science and Art. Konferenzbericht. Von Koryo Miura et al. (Hg.). Otsu, Shiga (Japan) 1994. Bistability as a necessary condition for the deployment and stabilization of structures in nature and engineering. Von Biruta Kresling in: Biona, Bd. 12, S. 149-160, 1998.

[10] Siemens Forum (Hrsg.) Bionik - Zukunfts-Technik lernt von der Natur, Reiner Bappert, Mannheim, Landesmuseum für Technik und Arbeit, 1999, ISBN 3980493059;

welch eine Performance. Die Ha-Ori-Falte und andere Faltstrukturen gehen weit über durch Biosysteme assoziierte Gestaltungsmerkmale hinaus und führen den Konstrukteur und den Architekten zu verfestigten oder hochelastischen, raum- und materialsparenden prinzipiellen Lösungsansätzen. Je, nachdem. Werden räumliche Origami- und Kirigamitopologien üblicherweise mit geraden Falten auf ebenen Ausgangslagen ausgeführt, erschließen sich die Wechselwirkungen gekrümmter Falten unserer Vorstellungskraft nicht unmittelbar. Eine einzelne gerade Falte kann ich mir durchaus noch als ein Scharnier vorstellen. Eine gekrümmte Falte hingegen zieht die benachbarten Flächen in ein konkave, beziehungsweise konvexe Form. Bei derart krummkonturierten Getriebeelementen ist auch die Vorstellung von Polygonen als ebener Grundeinheiten nicht mehr zulässig, die topologischen Verhältnisse werden zunehmend komplexer und die intuitive Voraussage sich überlagernder Spannungsmuster ist selbst für einen erfahrenen Ingenieur kaum mehr möglich. Die gegenseitigen Kopplungsabhängigkeiten miteinander kinematisch wechselwirkender Getriebeelemente, werden im Falle krummliniger Konturen derart unübersichtlich, dass spätesten hier die Absicht keimt zu erwägen, später vielleicht andere handlichere Beschreibungsansätze zu bevorzugen. Computerprogramme etwa.

Die Randbedingungen der ebenen Ausgangslage der Origami- und Kirigamitopologien haben Parkette mit ihnen gemein. Gestaltungsabsicht bei einer Parkettierung ist aber die Gleichförmigkeit der verwendeten Polyeder, denn Parkette entstehen durch regelmäßige Aneinanderreihung.
Insofern sind Parkette ebenen Modellen von (räumlichen) Kristallstrukturen ähnlich, die aus quadratischen, sechseckigen oder dreleckigen Polygonen aufgebaut sind mit der Eigenschaft, dass nur 2-, 3-, 4- und 6-fache Symmetrien möglich sind. Für unsere Überlegungen interessant sind nichtperiodische, eingeschränkt symmetrische Muster, deren einfachster Fall auf der 5-fachen Symmetrie beruht, die auch in der belebten Natur häufig anzutreffen ist. Ebene gleichförmige Parkette mit regelmäßigen Fünfecken sind nicht möglich, was sofort einleuchtet, weil die Innenwinkel regelmäßiger Fünfecke von 108° kein Teiler von 360 sind. Eine anmutige Antwort auf diesen Umstand ist ein

nichtgleichförmiges Parkett aus nichtregelmäßigen Fünfecken, das unter dem Namen Cairo Tiling[11] bekannt ist.

Regelmäßige Sechsecke füllen eine Ebene aus (Bienenwabe, Hexagone), sind aber so langweilig wie Quadrate und Parkette mit flächenfüllenden konvexen Vielecken mit mehr als 6 Eckpunkten gibt es nicht. Hervorzuheben bleibt, dass für Parkette auch konkave Grundkörper akzeptabel sind. Parkette aus regelmäßigen Vierecken, Sechsecken und auch Kairo-Muster sind von ihrer Erzeugendenherkunft aus betrachtet, lediglich wohldurchdachte Konstrukte, basierend auf einem Algorithmus, der raffiniert ausgeklügelte Parkettsteinchen ausspuckt und zu lückenlosen, ebenen Mustern zusammenlegt. Das ist bestimmt eine hübsche Entwicklungsaufgabe aber irgendwie nicht unser Ziel.

Was ist es dann?

Ein Muster von unmittelbar ästhetischer Anmut ist das nach dem ukrainischen Mathematiker benannte Voronoi-Muster, bzw. die generische Methode[12] der Voronoi-Tesselation[13] (...mit: irgendwas Organisches machen). Die Aufteilung einer Ebene in Regionen durch Polygone, wird durch eine vorgegebene Menge an Punkten in der Ebene bestimmt. Das können Messdaten sein aus sozialen Erhebungen oder Höhenlinienpunkte einer geodätischen Analyse. Die Voronoi-Tesselation ist ein nichtstatistisches Interpolationsverfahren zur Darstellung der ebener Verteilungen. Jede Region von Punkten und Werten wird durch genau ein Zentrum bestimmt. Jede Region umfasst alle Punkte der Ebene, die in Bezug zur euklidischen Metrik näher an dem Zentrum der Region liegen, als an jedem anderen Zentrum. Dieserart Gebiete werden als Voronoi-Regionen bezeichnet. Aus allen Punkten, die mehr als ein nächstgelegenes Zentrum besitzen und somit die Grenzen der Regionen bilden, entsteht das Voronoi-Diagramm. Die Elemente einer Voronoi-Region sind damit Ergebnisse eines (gewichteten) Bandfilters lokal referenzierter Messdaten. Eine Anwendung ist beispielsweise das Mapping. Voronoi-Muster können uns helfen, geometrische Probleme wie

---

[11] In geometry, the Cairo pentagonal tiling is a dual semiregular tiling of the Euclidean plane. It is given its name because several streets in Cairo are paved in this design. It is one of 15 known monohedral pentagon tilings and also called MacMahon's net after Percy Alexander MacMahon.

[12] Generisch (von lat. gigno 3. genui, genitus, ‚zeugen', ‚hervorbringen') ist die Eigenschaft eines materiellen oder abstrakten Objekts, nicht auf Spezifisches, also auf unterscheidende Eigenheiten Bezug zu nehmen, sondern im Gegenteil sich auf eine ganze Klasse, Gattung oder Menge anwenden zu lassen.

[13] Auch Delaunay- Algorithmus nach Boris Delaunay, ein russischer Mathematiker und ein Student von Voronoy.

Packungen, strategische Platzierungen und Wachstumsmuster zu beschreiben. So oder ähnlich lautet der Text, den wir nach unserer Frage nach dem Zweck der Algorithmen von Delaunany und Voronoi – sie sind derzeit sehr populär, obwohl sie niemand selbst programmiert - im Kollegenkreis hören; und irgendwie verstehe ich immer nur Tessela-was? Die Frage, ob der Ansatz von Delaunany und Voronoi die anstehende Aufgabe zu lösen weiß, ist vielleicht einfacher zu beantworten, wenn der geneigte Leser ein Voronoi-Muster händig anfertigt und auf diese Weise erfährt, was das Verfahren von Delaunany und Voronoi „macht".

Voronoi zu Fuß. Am Anfang einer Voronoi-Konstruktion steht eine Schar von Punkten. Zum Üben wäre jetzt eine statistisch zufällige Verteilung der Punkte von Vorteil. Beginnen Sie vielleicht mit fünfzehn bis zwanzig „unregelmäßig bis lustig" verteilten Punkten. Die ebene Punktewolke auf Ihrem A4-Übeblatt soll von Ihnen anschließend in eine Struktur aus lauter Dreiecken[14] überführt werden. Aber Halt! Es dürfen keine beliebigen, sondern immer die „kleinst-möglichen", kompakten Dreiecke gezeichnet werden. Diese (Delaunany-) Forderung an ein Netz dreieckiger Maschen stellt sicher, dass es auf dem Zeichenblatt keine Punkte mehr gibt, die innerhalb eines gerade eben gezeichneten Dreiecks liegen. Die narrative Kernaussage einer Delaunay-Triangulation ist also, dass nur Dreiecke erzeugt werden dürfen, in dessen Umkreis keine anderen Punkte mehr existieren. In dieser Phase unserer zeichnerischen Ermittlung eines Voronoi-Musters gelingt die händische Triangulierung der Punktewolke intuitiv, denn Dreiecke, die dem Delaunay-Kriterium genügen, sehen einfach mal viel besser aus! Das ist für den Einen oder Anderen vielleicht erstaunlich, denn die Regel heißt: „nimm immer den nächsten Besten". Punkt. Ein Ratschlag, den wir ansonsten unseren Töchtern nicht geben. Sinnieren wir an dieser Stelle kurz darüber, wofür die Methode nach Voronoi genutzt werden kann, nämlich der Datenverdichtung, würde einem Nichtmathematiker hier der Hinweis genügen, dass eine Voronoi-Zelle Eigenschaften einer Gruppe (aus Dreiecken (aus drei Punkten)) geometrisch zusammenfasst. Wenn man nun (aus einem Dreieck) aus drei Punkten einen neuen, gemeinsamen Punkt herausextrahieren möchte, der die anderen vertritt, was würde man da wohl am besten tun? Welche geometrischen Ressourcen haben wir? Gehen wir es durch: Beispielsweise besitzt ein jedes

---

[14] Skizze aus: https://de.wikipedia.org/wiki/Dreieck

Dreieck den Innenkreismittelpunkt jenes Kreises, den das Dreieck in seinem Innengrenzen gefangen hält, sowie einen Flächenschwerpunkt S; aus Pappe geschnitten, könnten wir das Dreieck auf diesem Punkt balancieren. Für kompakte Dreiecke, ist der Innenkreismittelpunkt durchaus ein interessanter Ort. Voronoi schlägt aber einen anderen Punkt der die Lokalitäten des Dreiecks, also seine drei Eckpunktkoordinaten repräsentieren soll, vor: den Umkreis-mittelpunkt U. Der Umkreis ist genau der Kreis, der alle drei Eckpunkte des Dreiecks berührt. Es ist genau der Kreis, der nun das Dreieck gefangen hält, wenn mir diese Metapher erneut gestattet sei. Anders als das Gewicht und dessen Schwerpunkt kommuniziert der Umkreis (irgendetwas Besseres) zur Kompaktheit eines Dreiecks. Diese Kompaktheit ist ja ein reiflich subjektiver Begriff. Den Umkreis könnte man nun mit einem Zirkel um das Dreieck herum schlagen. Und dann um jedes Dreieck unserer triangulierten Punktewolke. Wir sähen dann auf den ersten Blick, ob sich etwa nicht doch ein Punkt, den wir vielleicht übersehen haben, in den Umkreis eingeschlichen hat. Die Umkreis-mittelpunkte bilden später die Ränder der Voronoi-Zellen. Das mit dem Umkreis ist bestimmt eine gute Idee. Wo also ist der Haken?

Da wir zeichnerisch arbeiten, ist der händische Arbeitsauf-wand durchaus ein Argument; ebenso die Übersichtlichkeit in der Zeichnung. In Zeiten der numerischen Geometrie-analyse sollte das aber überhaupt kein Kriterium mehr dafür sein, sich für die eine und gegen eine andere Methode zu entscheiden. Hier stehen eher Fragen der numerischen 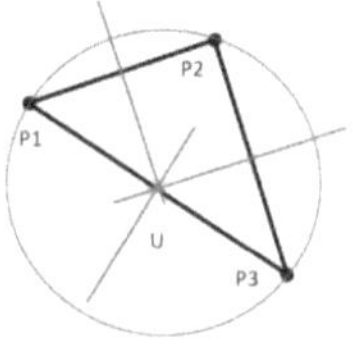

Verfügbarkeit eine Rolle, etwa ob und zu welchem deklaratorischen Preis und Aufwand bietet mein CAD-System einen Voronoi-Algorithmus feil. In manchen nicht seltenen Fällen werden Parametrisierungen gefordert, die das Programmsystem meiner Wahl nicht leistet oder noch nicht leisten kann. Bleiben wir händisch und färben vielleicht an dieser Stelle des manuellen Vorgangs (Danke, Biruta) schnell noch alle Punkte unseres Dreiecke-Netzes ein, dann beginnen Sie bitte die Mittel-punkte der Umkreise der Dreiecke zu „ermitteln". Der Mittelpunkt des Dreieck-Umkreises ist der Schnitt-punkt der drei Mittelsenkrechten; das sind die Lotgeraden durch die Mittelpunkte der Seiten des Dreiecks. In einer anderen Zeit wurden die Mittelsenkrechten auf eine Strecke mit dem 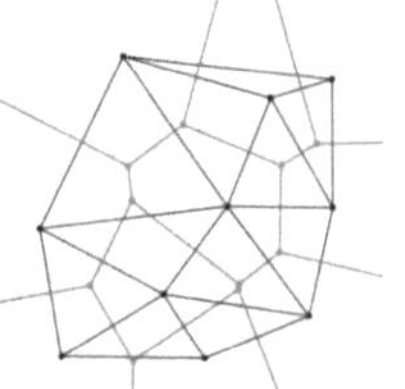

Zirkel auf dem Blatt oder häufig sogar an der Kreidetafel konstruiert. Alleine die immer kreidigen Saugnäpfe am Schenkel des Zirkels waren für jeden Schüler der keine drei Arme hat, eine Demütigung. Hier in unserer Tagebuch-Kladde könnten wir den Mittelpunkt der Strecke auch ausmessen und mit einem GEO-Dreieck eine lotrechte Gerade eintragen, doch schulen Sie doch Ihr Augenmaß und arbeiten Freihand. Weil es hier eher um das Prinzip geht, kommt es ja nicht so drauf an, wenn Sie krakeln. An dem Ort, wo sich die drei geraden lotrechten Seitenhalbierenden schneiden, tragen wir den Umkreismittelpunkt U ab und färben ihn ein. Dieserart fahren wir über das gesamte System fort[15]. Zu Fuß ist das natürlich aufwändig und mühsam und schnelle numerische Algorithmen sparen sich vielleicht sogar die dritte Lotrechte, wer weiß? Während wir also genüsslich voranarbeiten, bekommen wir ein gutes Gefühl für den gesamten Prozess. Die Schar neu und anders eingefärbter Punkte wächst, bleibt aber gegenüber der Anzahl der Punkte aus der Triangulierung. Das war es wohl, was die Statistiker bezweckten: Individuen klug in Klassen verfrachtet betrachten und somit Überblick gewinnen, weil es immer weniger Klassen als Individuen gibt. Wie nun die neuen Punkte zu Polygonen verbunden werden hängt (eigentlich) davon ab, WAS die Anfangspunkte ursprünglich repräsentierten.

Zu unserem Voronoi-Spiel streuten wir ja nur Koordinaten über das Arbeitsblatt. Draußen in der bösen Welt, besitzen die Koordinaten der Individuen natürlich irgendwelche Eigenschaften; vielleicht eine geodätische Höhe, ein verfügbares Einkommen, den Mittelwert der Krankheitstage in einem Kalenderjahr oder das Wählerverhalten, kurz: eine koordinatenbasierte Repräsentanz. Künstler wiederum interessieren sich vielleicht mehr für die Kante als Solche und erfreuen sich an der schönen Gestalt der durch den beschriebenen Prozess hervorgebrachten Polygon-Struktur. Die Motive ein aufwändiges Verfahren über eine Datenbasis laufen zu lassen sind also vielfältig und die Herangehensweise kann unterschiedlich sein, weist aber ein gemeinsames Grundmuster auf. Man ahnt bereits, dass (numerische) Delaunany und Voronoi-Algorithmen in erster Linie Koordinatenbankabfragen leisten und ansonsten in ihrem Innern relativ einfache geometrische und trigonometrische Aufgaben lösen; Algorithmen also, die man nicht neu erfinden muss, sondern aus schlauen Informatikern[16] extrahieren kann.

---

[15] Skizze aus: Tamaño de esta previsualización PNG del archivo SVG; https://es.wikipedia.org/wiki/Archivo:Delaunay_Voronoi.svg

[16] Ersatzweise siehe auch: https://github.com/blackstonep/Numerical-Recipes/blob/master/voronoi.h

Bei der Delaunay-Triangulation kann, ausgehend von einem Punk p die Suche nach dem nächstliegenden Knotenpunkt p' auf unterschiedliche Weise geführt werden. Die Wahl der Methode ist von den Zielen abhängig, die mit einer Triangulierung der Punktwolke erreicht werden sollen. Weil Delaunay-Voronoi-Algorithmen im i-dimensinalen Raum funktionieren verwendet man, um Distanzen zu messen, die allgemeine Norm über den Abstand zweier Punkte dist(p,p'); dies gilt für i-dimensionale Vektoten $\underline{p,p'}$. Dementsprechend ist die Norm erster Ordnung $\gamma=1$ die Manhattan-Distanz, die Norm zweiter Ordnung $\gamma=1$ zweier Punkte (p,p') im i-dimensionalen Raum die Euklidische Distanz.

Allgem. Norm über den Abstand zweier Punkte: $\mathrm{dist}_\gamma(p, p') = \Sigma_i\, [\, (p_i - p'_i)^\gamma\,]^{1/\gamma}$

Heute wird die Delaunay-Triangulation beispielsweise für (i=2) Geoinfor-mationsdaten, für die hochauflösende dreidimensionale Bildverarbeitung (Mes-sungen mit Computertomographen, die tatsächlich als Bilder! vorliegen) aber auch im hochdimensionalen Qualitäten-raum i-dimensionaler Optimierungsauf-gaben. Letztere liefern in der Berechnungspraxis die Erkenntnis, entgegen jeder Intuition, die Ordnung der Norm nicht mit der Dimension der Aufgabe wachsen zu lassen.
Vielleicht noch ein Wort zu Ihrer subjektiven Bewertung während der Trian-gulierung der Punktewolke, der Polygonisierung der Ergebnispunkte und zur „Schönen Gestalt" der Polygone selbst. Erstaunlicherweise vollbringt der von Außenstehenden vielleicht vulgär empfundene Satz, dass „was schön ist, auch gut funktioniert" in der Technik Nutz und Taug. Nicht immer, aber öfter als das Gegenteil fand ich diese Gestaltungsmetapher in der Konstruktionspraxis bestätigt. Kraftflussgerechtes Gestalten, Gussteil-Optimierung, zur Konturie-rung von Strömungsbauteilen, ja selbst bei Programmcode korrelieren ästhe-tische Parameter mit Funktionalität. Vielleich gilt das ja auch für Polygone?

Ästhetik bedeutet sinnliche Erfahrbarkeit. Und ein ästhetisch hochwertiges Polygon sei in diesem Zusammenhang ein funktionierendes Polygon. Wie wollen wir urteilen und eine Schar von Polygonen ihrer Schönheit nach, ihrer Eleganz vielleicht, ordnen und werten mit dem Ziel, die Korrelation von Funktion und technischer Güte zu hinterfragen (welch ein Satz; so reden sonst nur Politiker)?

Und wieder ist es David Birkhoff[17], der uns in Fragen der Quantitativen Ästhetik den entscheidenden, nützlichen Gedanken liefert. Werner Ebeling[18] schreibt:

> Für Birkhoff ist das ästhetische Empfinden bei der Wahrnehmung von Objekten bestimmt durch drei Größen, die er als Ordnung O, Komplexität C und ästhetisches Maß M bezeichnet:
>
> *"The typical aesthetic experience can be regarded as compounded of three successive phases: 1) a preliminary effort of attention, which is necessary for the act of perception, and which increases in proportion to what we shall call the complexity (C) of the object; 2) the feeling of value or aesthetic measure (M) which rewards this effort, and finally 3) a realization that the object is characterized by a certain harmony, symmetry, or order (O), more or less concealed, which seems to be necessary for the aesthetic effort. (...) If our analysis be correct, it is the intuitive estimate of the amount of order O inherent in the aesthetic object, as compared with its complexity C, from which arises the complex feeling of the realtive aesthetic value"* (Birkhoff, 1931).

Die Komplexität C ist ein Maß für die "Gesamtheit der Merkmale des wahrgenommenen Objektes". In der sinnlichen Wahrnehmung wird diese Komplexität erfahrbar als Anstrengung der Sinnestätigkeit des Betrachters. Numerisch wird C bestimmt durch die Zeichenmenge, aus der das Objekt besteht, also bei gesprochenen Gedichten aus der Zahl der Silben bzw. Phoneme, beim Hören von Musik durch die Zahl der Töne usw. O repräsentiert die (mehr oder weniger verborgene) Ordnung eines Objektes, die für Birkhoff als notwendige Bedingung für das Auftreten eines "Gefühls des Gefallens am ästhetischen Objekt" angesehen wird. Diese Ordnung wird durch verschiedene Ordnungselemente, wie Symmetrien in graphischen Objekten, oder Reime bei Gedichten, ausgedrückt. Unter der Annahme, dass M, O und C messbare Größen seien, definiert Birkhoff das ästhetische Maß M formal als Quotienten von O und C: $M = O \, / \, C$.

Das ästhetische Maß M, das das "Gefühl des Gefallens" ausdrücken soll, ist in seiner funktionalen Abhängigkeit von der Ordnung bzw. der Komplexität postuliert. Nach Birkhoff reduziert die Komplexität das ästhetische Maß, während es durch Ordnung erhöht wird. Weiterhin wird deutlich, dass es für ein bestimmtes ästhetisches Maß eine Fülle von Realisierungsmöglichkeiten hinsichtlich der Komplexität und Ordnung gibt. Objekte mit einfacher Komplexität und Ordnung können das gleiche "Gefühl des Gefallens" hervorrufen wie sehr komplexe Objekte entsprechender Ordnung, auch wenn letztere bedeutend schwerer zu quantifizieren sind.

---

[17] George David Birkhoff (* 21. März 1884 in Overisel, Michigan; † 12. November 1944 in Cambridge, Massachusetts) war ein US-amerikanischer Mathematiker.

[18] Werner Ebeling, Jan Freund, Frank Schweitzer: Quantitative Ästhetik, Kapitel 6 aus: Komplexe Strukturen: Entropie und Information (Stuttgart: Teubner, 1998, S. 214 ff).

Auf Polygone angewandt nennt Birkhoff die Komplexität C die kleinste Anzahl derjenigen Geraden, auf denen sämtliche Polygonseiten liegen. Das Ordnungsmaß O sei die Summe aller Ordnungselemente $\Sigma\, O_i$, im Einzelnen:

1   V   vertikale Achsensymmetrie
2   E   Gleichgewicht
3   R   Rotationssymmetrie
4   HV   Horizontal-Vertikale Ausrichtung
5   F   allgemeine Form

1.5   1.25   1.16   0.9   0.83   0.5   0.83

"Nach Birkhoff hat ein Polygon dann eine 'erfreuliche Form', wenn jeder von seinem Zentrum ausgehende Strahl die Begrenzung der Form nur einmal schneidet oder wenn jede beliebige horizontale oder vertikale Gerade diese Begrenzungslinie in höchstens zwei Punkten schneidet. Ist mindestens eine dieser Bedingungen erfüllt, so setzt man F=0, sonst aber F=2!".[19] Die obigen Bewertungen leiten sich aus nachfolgender Formel ab:

$$M = (\Sigma_i\, O_i)/C = (V+E+R+HV-F)/C$$

So kann man sich also täuschen. Für so ein hübsches Polygon aus unserem Voronoi-Spiel gibt es demnach nur wenige Punkte. Das Quadrat gewinnt, aber das Fünfeck liegt vor der Wabe; immerhin. Vielleicht hat das „schöne Polygon" nicht fünf Ecken und vielleicht ist die Bevorzugung der Fünfzähligkeit in der Natur auch nur ein Märchen oder zumindest überbewertet? Dreiecke, Vierecke, Sechsecke, wir Menschen haben da so einige Optionen beim Pakettieren, doch in der Natur ist die fünfzählige Symmetrie tatsächlich ein Spezialfall, denn mit derartigen Polygonen lassen sich keine geschlossenen ebenen Flächensysteme bilden. Die Natur ist ja von Hause aus schön, nur selten aber ist sie planar; symmetrisch schon. Die meisten Lebewesen sind symmetrisch aufgebaut, bis auf kleine Unterschiede, die die Symmetrie brechen. Aus technischer Sicht bietet die Symmetrie klare Vorteile; bei der Spannungsverteilung in Bauteilen, beim Kraftfluss und auch in der Fluidmechanik, sofern man geradeaus schwimmen oder fliegen will. Für das menschliche Auge ist Symmetrie gefällig. Das gilt offenbar auch für Parkettierungen. Quadratische

---

[19] Ebeling, Freund, Schweitzer: Quantitative Ästhetik, Kapitel 6 aus: Komplexe Strukturen: Entropie und Information (Stuttgart: Teubner, 1998, S. 214 ff) ebenda.

Kacheln kennt jedes Klo, aber fünfeckige Gehwegplatten sind eher selten anzutreffen in unseren Fußgängerzonen. Obwohl? Treffen zwei Viereck- oder Rautenparkette aufeinander, ist es die fünfeckige Bodenplatte, die den beiden Mustern zu einer gemeinsamen Verbindungslinie verhilft.

Parkettierungen sind bis in die Frühzeit der Kulturen nachweisbar, als die Sumerer bereits vor 6000 Jahren begannen Wände mit unterschiedlich eingefärbten Lehmziegeln verzierten, ein paar tausend Jahre später Platon über die Möglichkeiten raumfüllender Parkette theoretisierte und spätestens seit Johannes Keppler 1619 in seiner "Harmonice Mundi" eine ganze Reihe von Vielecken auflistet, die eine Fläche lückenlos zu bedecken vermögen, befassen sich Wissenschaftler mit dem Problem regelmäßiger, geordneter Parkette. Eine Geschichte dieses wunderbaren theoretischen Tuns zu erzählen, liegt leider außerhalb meiner Fähigkeiten und ist an anderer Stelle vortrefflich nachzulesen. Dennoch; an Karl Reinhard[20] kommen wir aber an dieser Stelle nicht vorbei. Noch während des Ersten Weltkriegs beginnt der Doktorand an diesem Thema zu arbeiten und untersucht, mit welchen konvexen Polygonen sich eine Ebene lückenlos füllen lässt. Mit welchen „gleichen" Formen wohlgemerkt, denn alle Parkettsteinchen sollen deckungsgleich (kongruent) sein. Viele Drei- Vier- und Sechsecke lösen die Aufgabe problemlos; Sieben- und Achtecke überhaupt nicht. Und dann das: was waren diese Fünfecke bloß für undurchsichtige Objekte? Unmittelbar lässt sich zeigen, dass regelmäßige Pentagone, sie haben fünf Innenwinkel von jeweils 108 Grad, eine Ebene nicht lückenlos parkettieren. Sobald man aber die Regeln ein wenig lockert, lassen sich Fünfeck-Typen finden, die genau dann eine Parkettierung meistern, wenn sie bestimmte Bedingungen einhalten, zum Beispiel, dass zwei benachbarte Seiten gleich lang sind müssen oder die Summe zweier ausgewiesenen Innenwinkel 180 Grad beträgt. Solch ein Parkett aus nichtregelmäßigen Fünfecken war oben bereits zu sehen: Cairo Tiling! Merkmalähnliche Fünfeck-Typen lassen sich zu Typenfamilien zusammenfassen, die jene (für Mathematiker faszinierende) Eigenschaft aufweisen, ordentliche Fünfecke zu sein oder isohedral sind. Bei isohedralen Transformationen bilden alle Kongruenzabbildungen (Verschiebung, Spiegelung und Rotation) des Polygons auf ein anderes Polygon, eine mathematische Gruppe. Damit sieht die Umgebung jedes Polygons eines Musters gleich aus, was bei rapportierenden Formen

---

[20] 1918 veröffentlichte der Mathematiker Karl Reinhardt seine Promotion "Über die Zerlegung der Ebene in Polygone".

interessante kognitive Effekte auslöst. Bekennende Autisten geraten bei manchen Mustern dieser Art regelrecht in einen bohrenden Starrblick auf das Gegenüber und damit in gewisser Weise außer sich. Mir geht das bei einem ganz bestimmten Mustern auf Berliner U-Bahn-Sitzen so; einen entsprechenden Waggon verlasse ich oder ich setze schnell meine Lesebrille auf. Um mich zu defokussieren. Aber wie gesagt, Mathematiker finden das toll. Das Auffinden anisohedraler, also unordentlicher fünfzähliger Polygonmuster mit mathematischen Modellen ist nach inzwischen zweitausend Jahren Forschungsgegenstand in den Computerwissenschaften mit dem Ziel, die Vielfalt der Pentagonformen zu untersuchen und zu katalogisieren. Dies werden wir beobachten und richten nun übergangslos den Blick auf die belebte Natur und damit auf jene Forschung, die ja der Anlass dieses Aufsatzes war.

Die Mittelhand ist eine Artikulation lustig geformter unordentlicher, anisohedraler Polyeder. Flossen von Fischen, Amphibien und Meeressäugern dienen der Propulsion, dem Manövrieren und dem Stabilisieren des Lebewesens in Fahrt. Biologische Flossen sind ihrer Art nach aktive Propulsions-, Leit- und Steuerflächen, können jedoch auch passive und strömungsadaptive Aufgaben erfüllen. Die Flossen mancher Fischarten weisen eine komplexe Konstruktion mit Membranen und mehreren einbeschriebenen Stützstrukturen (Flossenstrahlen) auf. Biologische und artifizielle Grundstrukturen der autopoietischen Gestaltentstehung, etwa die ebene Zähligkeit von Zellen oder künstlichen Gebieten sind erstaunlicherweise wenig erforscht. Hier haben auch wir Bioniker noch eine Bringeschuld. Zwar wissen wir, dass hinsichtlich der kinematischen Wechselwirkungen in der Gelenkebene Pentagone in der Gestaltungspraxis interessant sind immer dann, wenn die Gelenkigkeit einer Konstruktion aus der Struktur stammt (Technik) und nicht aus den Gelenken (Biologie), aber welche technologischen Konsequenzen daraus erwachsen, wissen wir nicht. Derart abgeleitete Gestaltungsdoktrin könnten zu einer Bevorzugung der Fünfzähligkeit in einer „synthetisierenden Prälokations-box[21]" Anlass geben. Oder zu ihrem Gegenteil, einer Pentaphobie.

Die meisten Präparate von den Händen der Delfine und anderer Walartigen in Sammlungen dienen anderen Zwecken als der Analyse von Bewegungen und

---

[21] Dienst, Mi. (2018) PRÄLOKATIONSBOXEN. Eine erste Phänomenologie generalisierter Grundeinheiten der Vertebratenhand. GRIN-Verlag GmbH München, ISBN(e-Book): 9783668627314, ISBN(Buch): 9783668627321

der Darstellung ihrer komplexen Kinematik. So kommt der Extraktion des kinematischen Lösungs-Prinzips dieser biologischen Getriebe, der Entschlüsselung des Wechselwirkungsgeschehens seiner Gelenkelemente und der Entwicklung einer technischen Interpretation des biologischen Prinzips eine gewisse Master-Bedeutung zu. Leider ist das Beaufschlagungs-Bewegungsgebaren räumlicher Komplexgetriebe aus diskreten Gelenken und struktur-elastischen Elementen noch wenig erforscht und die Kinematik der Wirbeltierskelette werden wir erst in vereinfachten Modellen verstehen[22][Die 18-3].

Die Geschichte der Entwicklung der Extremitäten von Wirbeltieren kann prinzipiell aus zwei Richtungen erzählt werden: aus der (vertikalen) Sicht der Evolution, von Generation zu Generation und aus der (horizontalen) Sicht der Organogenese der Wirbeltiere, also der Entwicklung von der befruchteten Eizelle bis zum adulten Organismus. Die Organogenese ist für den Techniker wohl die sinnfälligere Herangehensweise, weil hier die molekularen und zellulären „Mechanismen" der Muster- und Gestaltentstehung den Vordergrund der Argumentation bilden.

Die embrionale Entwicklung der Extremitäten eines Wirbeltiers startet im so genannten Extremitätenfeld und man kann zeigen, dass konzentrationsabhängige Positionsinformationen zur Bildung eines sichtbaren, räumlichen Musters führt. Computersimulationsmodelle können heute den Phänotypen des Biosystems darstellen, beispielsweise nach einem Modell von Meinhard und Gierer, das auf der Basis eines durchaus komplexen Diffusionsansatzes für das räumlich verteilte Zweistoffsystem eine Reihe einfacher ontogenetischer Prozesse simuliert. Das generierte Feld im Meinhard'schen Modell steuert die Ausprägung bestimmter Vormuster (im Feld). Das Vormuster seinerseits löst Gestaltbildungsvorgänge aus. Setzt man nun an dieser Stelle

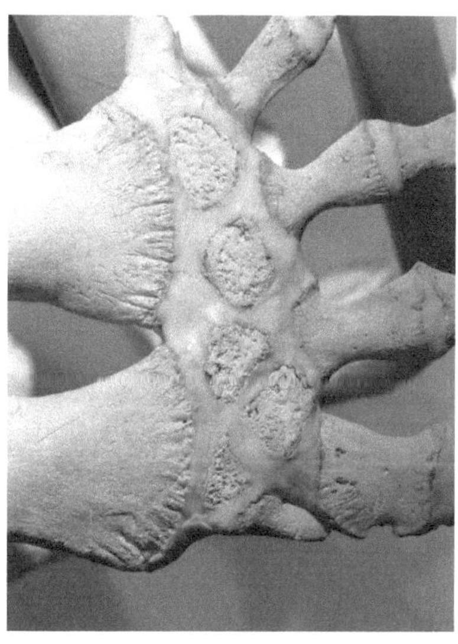

[22] Dienst, Mi. (2018) ÜBER DIE TOPOLOGIE DER VERTEBRATENHAND. Entwicklungsmuster der oberen Wirbeltierextremität in Schemata. GRIN-Verlag GmbH München, ISBN: 9783668621084

eine Evolutionsstrategie zur lokalen Suche der Parameter der Diffusion an, schließt sich der Kreis und das Modell eines Ontogenese- Evolutions- Szenario entsteht.

Eine große Zahl der Wesen, die heute im Wasser leben sind Wirbeltiere. Im Laufe der biologischen Evolution haben einige (zunächst) landlebende Säugetiere eine aquatische Lebensform entwickelt. Der Ambulocetus („laufender Wal") etwa, ist eine Gattung erster Wale (Cetacea) aus der Zeit des frühen Eozän (etwa vor 50 Millionen Jahren). Ambulocetus konnte sowohl laufen als auch schwimmen. An seiner Anatomie, die auf diese amphibische Lebensweise deutet, zeigen Paläontologen heute, dass sich Wale aus (wahrscheinlich eher kleinen) landlebenden Säugetieren entwickelt haben. Der Beckengürtel der nun in der weiteren evolutiven Entwicklung die Meere bevölkernden Säugetiere, bildete sich schrittweise zurück. Die Extremitäten formten sich um und passten sich in ihren Funktionen der neuen, der aquatischen Lebensweise an. Arme und Hände wandelten sich zu Seitenflossen

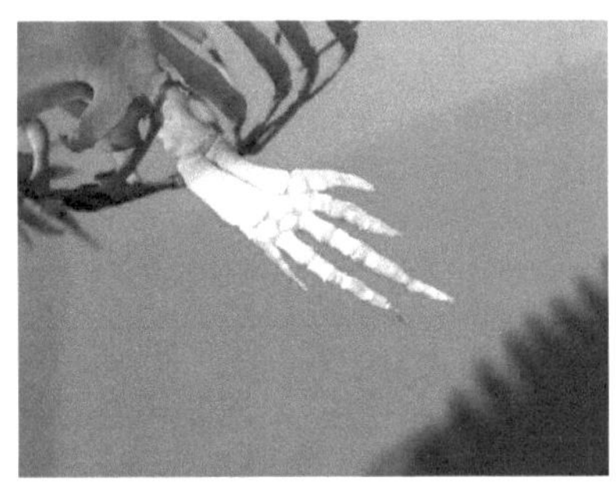

(Flipper), der gesamte Körper der Walartigen wurde stromlinienförmig und bildete neue Körperteile aus, wie beispielsweise Rückenflossen.

Wir sehen heute nur einen kleinen entschlüsselten Ausschnitt der evolutiven Entwicklung und die Ermittlungsziele der rezenten Forschung decken sich nur in seltenen Fällen mit jenen der an Anwendungen orientierten Bionik.

Dennoch sind einige prinzipielle Hinweise extrahierbar. Die gesamte konstruktive Morphologie der modernen Wale und Walartigen ist eine ständige Referenz an die an das Landleben angepassten Vorfahren. So werden die Hände moderner Delfine nicht nur zum Manövrieren eingesetzt, sondern dienen auch als wichtige Tastorgane im sozialen und sexuellen Umgang mit Artgenossen.

Die Delfinhand ist das Extrembeispiel der funktionalen Ausdifferenzierung einer fluidmechanisch wirksamen Leit-, Steuer- und Antriebstragfläche aus dem ohnehin schon extrem komplexen Bewegungsorgan eines Landlebewesens heraus, welches im Laufe der biologischen Evolution eine aquatische Lebensform (wieder-) angenommen hat. Die Graphik Abb.3 leistet eine erste

Schematisierung des Komplexgetriebes der Wirbeltier-Mittelhand mit dem Ziel, dass mit einer abstrakten Sichtweise prinzipielle Getriebeanordnungen extrahierbar werden. Die Idee der Prälokations-Box (PLBox) ist die Prälokation geometrischer Merkmale einer Form in generalisierten Koordinaten zum Zweck der numerischen Weiterverarbeitung in Transformationsszenarien. Die in PLBoxen erzeugten, gehegten und dargestellten Muster und Strukturen sind „generalisierte" Grundeinheiten biologischer oder artifizieller Formen. Sie sind in der Art und Weise der Organisation ihrer Koordinaten und geometrischen Zusammenhänge einer Transformation beliebigen, auch krummlinigen Koordinatensystemen zugänglich. Das Motiv, Prälokationsboxen zu entwickeln stammt aus der anwendungsorientierten Erforschung biologischer Formen und ihrer Übertragung auf Artefakte. Speziell die „intelligente Mechanik (i-mech)" natürlicher Konstruktionen, wie sie in der Kinematik der Wirbeltierskelette identifiziert wird, soll in technischen Anwendungen eine Entsprechung finden.

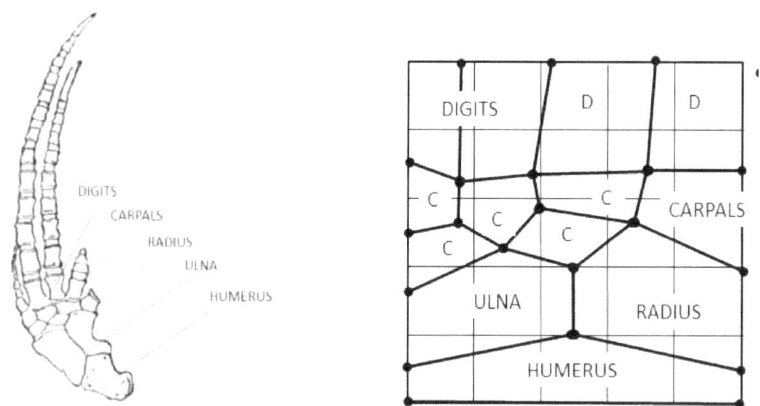

Abb.3: Hand eines Schweinswals in schematischer Darstellung[23] (links) und als abstraktes Fugenbild in einer „Prälokationsbox". Digits (D) Finger, Carpals (C) Mittelhandknochen-system, Ulna, Radius und Humerus.

Da die wissenschaftliche Bionik Phänomene der belebten Natur entschlüsselt, aber eine unmittelbare Übertragung auf Technik allzu oft scheitert, wurden

---

[23] Abb.10: Hand eines Schweinswals in schematischer Darstellung; nach: Seeley, H. G. (2011) Dragons of the Air, An Account of Extinct Flying Reptiles, ISO-8859-1. In: https://archive.org/details/cu31924003932591.

Methoden entwickelt, Bauweisen, Funktions- und Wirkstrukturen biologischer Systeme, die wir gerne „Wesen" nennen sollen, phänomenologisch zu betrachten, zu analysieren und Gestaltungsprinzipien für artifizielle Systeme (die wir Technik nennen) extrahiert. Eine dieser Methoden ist die Prälokations-box[24].

Die Skelette der Vordergliedmaßen der Wale (Cetacea) und Walartigen tragen den typischen Aufbau der Säugerhand. Der Differenzierungs- und Form-bildungsprozess der Hände kann je nach Art weit in das Erwachsenenalter reichen. So finden wir in den Sammlungen ein heterogenes Bild der Walhände: von verknorpelten Elementen um ein verknöchertes Zentrum herum bei jüngeren, bis zu vollkommen verknöcherten Systemen und verwachsenen Ober- und Unterarm bei alten Tieren.

Die modernen Wale entwickelten sich vor 30-40 Millionen Jahren. Ent-wicklungsmorphologen sind sich heute nicht mehr so ganz sicher, ob primitive Huftiere des Eozäns die Urväter modernen Wale (Cetacea) und Walartigen waren. Neuste Untersuchungen legen die Vermutung nahe, dass Fleisch fressende Urhuftiere, die in ihrer Gestalt Wölfen ähnelten, zur Jagt mehr und mehr Küstengewässer, Flussmündungen und das Meer aufsuchten und eine aquatische Lebensform annahmen. Der früheste bekannte Urwal (Pakicetus) lebte vor etwa 53 Millionen Jahren. Sein Schädel weist (noch) große Gemein-samkeiten mit denen der Landtiere auf. Nach und nach wandelt sich im Laufe einer einzigartigen Evolutionskampagne das Skelett des Säugetiers und es entwickelt eine stromlinienförmige Körperkontur, der Verlust seines Haar-kleides geht einher mit der Ausbildung der wärmedämmenden und strömungs-elastischen Speckschicht (Blubber), die Vordergliedmaße bilden sich zu Flossen (Flippers) um, Hintergliedmaße und Beckengürtel bilden sich zurück. Fluke und Finne sind Neuerfindungen in der Phylogenie der Meeressäuger. Die letzten Urwale verschwinden vor rund 30 Millionen Jahren und sehr rasch entwickeln sich die modernen Wale mit den beiden Unterordnungen der Barten- und Zahnwale. Bei modernen Walen besitzen die Flossen eine in der Tragflächen-wurzel angesiedelte, vielachsig bewegliche Knochengelenk-Kinematik. Eine Vielzahl von Gelenken rezenter Wirbeltierskelette, wie beispielsweise die Mittelhand-knochen und die Ellenbogengelenke, bilden komplexe, mehr-achsige, räumlich wirksame Getriebesysteme aus. Das Handgelenk rezenter

---

[24] Dienst, Mi. (2018) PRÄLOKATIONSBOXEN. Eine erste Phänomenologie generalisierter Grundeinheiten der Vertebratenhand. GRIN-Verlag GmbH München, ISBN(e-Book): 9783668627314, ISBN(Buch): 9783668627321

Lebewesen und dessen evolutionsbiologisch relevante Frühstadien die als Fossilen vorliegen, können als biologisches Vorbild für eine vielachsige (technische) Kinematik dienen. Das kinematische Wirkprinzip dieser technischen Vielachsen- Scharnier- Kinematik ist jenes von mehreren dreidimensional-räumlich verbundenen, zwangsbewegten Klappen, deren (lokale) Scharnier-Drehachsen gemeinsame, lokale, Schnittpunkte besitzen. Je nach Zuordnung der Freiheitsgrade der im Sinne einer kinematischen Kette ein (lokales) räumliches Getriebe bildenden Scharniere, stellen die zwangskinematischen dreidimensionalen Winkelbewegungen der Plattenebenen des kinematischen Systems eine Untersetzung, eine Übersetzung oder eine Umlenkung dar. Bei mechanischer Beaufschlagung bilden die beschriebenen Gelenkplattenkinematiken abhängig von der Anordnung der Gelenk- und Fixationsebenen (Knick-) Gewölbeformen aus.

Für die zweidimensionale Betrachtungsweise hinsichtlich der Gelenke rezenter Wirbeltierskelette ist es möglich, ein sehr einfaches ebenes kinematisches Gelenkplattenschema herzuleiten, einen „Spherical Joint Mechanism" mit intelligenter Mechanik (i-mech) mit dem die Übertragung von Prinzipien biologischer vielachsig-belastungsadaptiver Zwangskinematiken und Wölbphänomene auf technische Systeme gelingt.

In der Konstruktionspraxis werden Strömungsbauteile als strömungsadaptive und profil-variable, fluiddynamisch wirksame Tragflächensysteme ausgeführt. Teile des fluiddynamisch wirksamen Tragflächensystems sind dabei in einer Ebene längs der Strömungshauptrichtung beweglich gelagert als Klappenprofil angeordnet. Weitere Teile des Tragflächensystems sind als bewegliche, passiv vom Strömungsdruck beaufschlagbare, also strömungsadaptive Tragflächen ausgeführt derart, dass diese bei nichtaxialer Anströmung der Finnentragfläche automatisch nach Lee um wenige Winkelgrade ausgelenkt wird und durch eine Mehrachsen- Scharnier- Kinematik (des Spherical Joint Mechanism, SJM) dem beweglichen Tragflügel zwangskinematisch eine fluidmechanisch günstige Form im Sinne einer Wölbverformung aufprägen. Die leewärtige Passivbewegung der strömungsadaptiven Tragfläche folgt der Hauptströmungsrichtung des Fluids. Die Mehrgelenkkinematik kann in zwei Ebenen als Bolzen- und als Gelenklager ausgeführt werden. In Ruhelage und in einem nicht durch Querströmung beaufschlagten Zustand bildet das ebene Gelenkplattengetriebe einen Tragflügel aus, der in einem durch die Strömungskräfte unbeaufschlagten Zustand eine neutrale, ebene Ausrichtung annimmt. Es werden vom Tragflügel keine Querkräfte (Auftrieb) erzeugt. Anders die Kinematische Wirkungsweise der Geometrie des räumlich beweglichen Tragflügels unter nichtzentraler fluidischer Beaufschlagung. Während des bestimmungsgemäßen Betriebs, insbesondere beim Manövrieren, tritt am Unterwasserschiff eines Seefahrzeugs eine nicht zentralsymmetrische, fluidische Beaufschlagung des Tragflügels auf. Die auf die Tragfläche wirkende, resultierende Strömungsbewegung lässt sich in einen parallel zur Symmetrieachse des Seefahrzeugs liegenden Anteil und in einen quer dazu liegenden Anteil beschreiben, was für die Erklärung der fluidmechanischen Wirkungsweise strömungsbeaufschlagter, räumlich Leit-flächen an Tragflächen von Bedeutung ist. Eine Tragfläche mit symmetrischem Tragflächenprofil besitzt auch bei nichtzentraler fluidischer Beaufschlagung einen Betriebsbereich, in dem das Verhältnis aus erlittenem Widerstand und der für das Voranbewegen und Manövrieren erforderlicher erzeugter Querkraft vertretbar ist, oder kurz: auch symmetrische Profile erzeugen bei nicht zentraler Beaufschagung „Auftrieb". Der Betriebsbereich (Anströmwinkel, Ge-schwindigkeit) eines nichtsymmetrischen Tragflächenprofils wird im Auslegungsfall aber erheblich größer sein, als jener eines vergleichbaren symmetrischen Tragflächenprofils. Bei fluidischer Beaufschlagung (also im nichtsymmetrischen Anströmungsfall) vollführt das Tragflächensystem eine zwangskinema-tische Klappbewegung. Es stellt sich ein Gleichgewichtszustand ein und die Tragflügelfläche erfährt eine Wölbung. Bei nichtaxialer Anströmung arbeitet ein regulärer Tragflügel als fluiddynamische und querkrafterzeugende Auftriebsfläche. Durch die bei nicht axialer Auslenkung infolge fluidischer Beaufschlagung erzwungene Wölbgeometrie entsteht ein fluidmechanisch wirksames, vorteilhaft profiliertes Tragflächensystem.

Versuch einer Zwischenbilanz. Zwangsläufigkeiten räumlicher Gelenkplatten-getriebe sind Stand der Technik und Fakt. Mit einer geschickten Anordnung höhergradig gekoppelter heterogener Getriebeelemente gelingt die Darstellung klassischer (mechanisch orthodoxer) aber auch nichtorthodoxer Beauf-schlagungs-Bewegungs-Gebaren in technischen Konstruktionen. Allerdings muss ein „Spherical Joint Mechanism" nicht zwangsläufig mit Konzepten der intelligenten Mechanik (i-mech) in Verbindung stehen. Gewöhnlich bringen wir i-mech- Konzepte mit sich selbst verstärkenden mechanischen und auch fluid mechanischen Bauteilen in Verbindung, weil hier die Motive zur Entwicklung passiver intelligenter Mechanik liegen. Heute wissen wir, dass auch die ausgleichende, stabilisierende Bauweise mit „Spherical Joint Mechanism" in der belebten Natur anzutreffen ist und/aber auf eine Transformation in innovative Artefakte wartet. Eine Vielzahl von Gelenken der Wirbeltier-skelette bilden komplexe, mehrachsige, räumlich wirksame Getriebesysteme aus, schlechterdings sind wir aber noch nicht in der Situation, die wahre Breite an Möglichkeiten auszuloten und zu untersuchen, um selbst sehr einfache ebenes kinematische Gelenkplattenschemata herzuleiten und Prinzipien für „Spherical Joint Mechanism" mit und ohne intelligenter Mechanik systematisch zu ordnen und – etwa in Form von Konstruktionskatalogen – für die Gestaltungspraxis verfügbar zu machen mit dem Ziel, der Übertragung von Prinzipien biologischer vielachsig-belastungsadaptiver Zwangskinematiken und Wölbphänomene auf technische Systeme. Warum ist das so?

Benatworten wir diese Frage mit einer Gegenfrage, genaugenommen mit zwei Forschungs-fragen:

> (1) Evolution. Ist ein Fortschritt bei der Optimierung und Ausentwicklung technischer Gelenkgetriebe mit „Spherical Joint Mechanism" auf der Grundlage künstlicher Phylo-genetischer Algorythmen erwartbar?
>
> (2) Kinematik. Welchen Einfluß haben die Gelenkfreiheitsgrade biologischer Konstruktionen mit „Spherical Joint Mechanism" auf die Optimierung und Ausentwicklung technischer Gelenkgetriebe?

Diese beiden und weitere Forschungsfragen werden uns im Zusammenhang mit dem Transfer biologischer vielachsig-belastungsadaptiver Zwangskinematiken und Wölbphänomene auf technische Systeme beschäftigen und binden.

Zukünftige Forschungsfragen (1), artifizielle Evolution der „Spherical Joint Mechanism".

Die Passage über den Delaunay-Voronoi-Algorythmus liefert mir über den gesamten Aufsatz betrachtet den größten Erkenntnisgewinn. Das ist insofern bedauerlich, weil für den Entwurf funktionaler Tragflügelgeometrien dieses Verfahren vom falschen Ende her gedacht wird und damit wenig zur Lösung der Gestaltungsaufgabe beträgt. Im Gegenteil. Der stochastische Prozess steht hier ganz am Anfang der Entwurfkampagne. Aus diesem Ausgangszustand heraus wird ein Muster entwickelt, das als Vorlage für eine Fugentopologie auf einem artifiziellen Tragflügel taugen soll. Wir finden also anfangs eine Punktwolke P in

Zufalls-Koordinaten vor. Alle weiteren Schritte der Kampagne sind nun Determinismen und deshalb einer (gestatungsrtelevanten) Variation vorenthalten. In einer Optimierungsumgebung wäre die Punktwolke bereits der Phänotyp. Warum ist das für Gestaltfindungs-prozesse eine Sackgasse? Gehen wir der Reihe nach vor und betrachten den Delaunay-Voronoi-Algorythmus in Pseudo-Code.

Voronoi-Algorithmus im Pseudo-Code[25]: Bezeichnungen: Punkte P, Delaunay-Triangulation D T (P), Konvexe Hülle K H (P), Voronoi-Diagramm V(P).

01: //Initialisierung Zufallskoordinaten und Deklaration
10:         Initialisiere random Menge P
20:         Initialisiere leere Mengen P', DT(P) und V(P)
30: //Berechnung der konvexen Hülle
40:                 **Für alle** p = (px, py) E P:
50:                 Füge p' = (px, py, px^2 + py^2) **zu** P' **hinzu**
60:                 Berechne KH(P') //Mit geeignetem Algorithmus
70: //Berechnung der Delaunay-Triangulation
80:                 **Für alle** Seiten s E KH(P'):
90:                 **Falls** Normalenvektor von s nach unten zeigt:
100:                         **Für alle** Kanten k von s:
110:                                 Setze z-Wert von jedem Knoten E k auf 0
120:                                 Erstelle neue Kante k' = k
130:                                 Füge k' zu DT(P) hinzu
140: //Berechnung der Voronoi-Zellen
150:                 **Für alle** Dreiecke d in DT(P):
160:                         **Für alle** an d angrenzenden Dreiecke d':
170:                         Erstelle Kante m durch Verbindung der Umkreismitt. d und d'
180:                         Füge m zu V(P) hinzu

Das Kapitel Voronoi-zuFuß schreitet die Stationen des Algorithmus analog ab und findet ein Fugenmuster für einen adaptiv beweglichen Tragflügel in einer Bauweise mit „Spherical Joint Mechanism". Oben sprach ich davon, dass derartige Fugenmuster in der belebten Natur anzutreffen sind und es liegt „natürlich" nahe, diese Gestaltentstehungskampagne dem biologischen Vorbild nachempfinden zu wollen, kurz: Das Fugenmuster für den Tragflügel mit „Spherical Joint Mechanism" soll über einen (Optimierungs-) Prozess gefunden werden.

---

[25] Voronoi-Diagramm, Thiessen-Polygone oder Dirichlet-Zerlegung. Pseudocode nach
https://de.wikipedia.org/wiki/Voronoi-Diagramm

Und genau hier unterscheiden sich die Herangehensweisen. Während die Delaunay-Voronoi-Kampagne den Variations-Schritt an den Anfang setzt, würde ein Phylogenetischer Algorithmus die Variation der Koordinaten und gegebenenfalls der Topologie verschachtelt ansetzen derart, dass sie auf der Ebene der Individuen wirksam wird. Vielleicht ein wenig anstrengend, aber an dieser Stelle überaus nützlich ist ein Blick auf das Grundschema einfachster Suchalgorithmen wird am Beispiel einer Evolutionsstrategie[26].

Optimieren nach dem Vorbild der Natur. Im industriellen Ingenieurbereich und im Design werden zunehmend robuste und universal einsetzbare Algorithmen zur Integration in komplexe Systementwicklungsumgebungen nachgefragt. Im Engineering sind dies heute die Strukturanalyse mit der Methode der Finiten Elemente (FEM) und die computerunterstützte Strömungssimulation (computational fluid dynamics, CFD) [Abt-03] [Har-07] [Bre-09] [Kre-08], im Designbereich Realzeitsimulationen, Visualisierung und Generatives Gestalten [Rea-07][Boh-09]. Abhängig von speziellen Rand-, Neben und Anfangsbedingungen, existieren Methoden, schlecht strukturierte Probleme in wohllösbare Optimierungsaufgaben zu verwandeln. In der Praxis hat sich hier die so genannte „lokale Suche" als ein leistungs-starkes Instrument etabliert. Als „lokal" werden Suchalgorithmen dann bezeichnet, wenn diese eine von einer komplexen Qualitätsfunktion aufgespannte Topologie in einem begrenzten Gebiet um den aktuellen Arbeitspunkt herum untersuchen. Lokale Suchalgorithmen sind robust, benötigen geringen strukturellen Aufwand und arbeiten schnell. Ihr Einsatzgebiet ist das hochdimensionale Qualitätsgelände nicht geschlossen beschreibbarer Funktionen. Der auf Iterationen basierende Kernmechanismus eines lokalen Suchalgorithmus ist die Ähnlichkeitsvariation der Objektvariablen V einer beliebigen Qualitäts-funktion. Die Variation ΔV_n der Objektvariablen V ist komplementär zu ihrer Variablenvergangenheit V_n.

$$V_{n+1} = V_n + \Delta V_n$$

Die Lokale Suche erfolgt iterativ. Sie nutzt Eigenschaften einer (fluktuativen) Entwicklung des Systems hinsichtlich seiner Zustandseigenschaften über die Zeit. In fortschreitenden diskreten Intervallen (n) erhalten wir eine über das

---

[26] Dienst, Mi.(2009) Artifizielle Evolution Heute. Optimieren nach dem Vorbild der Natur. GRIN-Verlag GmbH München. ISBN: 978-3-640-39858-4. ISBN (E-Book): 978-3-640-39834-8

Qualitätsgelände der gestellten Optimierungsaufgabe verlaufende Spur der Systemzustände, beschrieben durch den Vektor V der Objektvariablen in einer Ahnenfolge (V_{n+1}, V_{n+2}, V_{n+3}, ...usw.).

Zu den leistungsfähigsten lokal arbeitenden Optimierungsstrategien gehören heute die Evolutionären Algorithmen: Genetische Algorithmen (GA) und Evolutionsstrategie (ES). Bei der Evolutionsstrategie wird die Ähnlichkeitsvariation ΔV_n durch den mit der Variations-schrittweite δ_V dotierten Zufallszahlenvektor Z bestimmt:

$$V_{m,\,n+1} = V_{m,\,n} + \delta_{m,\,n}\ Z_{m,\,n}$$

Evolutionäre Algorithmen (hier Evolutionsstrategien) simulieren das biologische Wechsel-spiel von Variation und Selektion in jeder Generation und wenden es auf mathematisch modellierte Optimierungsaufgaben an. Dabei werden in einem einfachsten Szenario m Kopien eines Startsystems erstellt. Zufällige Modifizierungen führen auf eine Schar von m Variationen $\Delta V_{m,n}$ des Elter-Systems (Mutation). In jeder Generation n werden alle Variationen des aktuellen Elter (in bestimmten Strategien einschließlich dem Elter, siehe [Rec-94]) mittels einer Zielfunktion einer Bewertung unterzogen, die Qualität aller Systeme wird berechnet oder gemessen (Evaluation). MUTANTEN und ELTER, respektive ihre Qualitäten, bilden somit ein gemeinsames Selektionsensemble. Aus der Schar bewerteter Systeme wird ein neuer, aktueller Elter für die folgende Generation erwählt (Selektion). Mit der Variation dieses Elter-Systems setzt sich die Kampagne fort. Auf diese Weise steigt die Qualität des Ensembles von Generation zu Generation, bzw. fällt nicht hinter die des aktuellen ELTER zurück. Aus biologistischer Sicht betrachtet, untersuchen Evolutions-strategien den Phänotyp eines Zielsystems und zielen somit auf das „äußere Evolutionsgeschehen". Der Variation kommt bei evolutionären Algorithmen eine besondere Bedeutung zu. In unserem Szenario sollen normalverteilt zufällige Variationen den Objektvariablen- Vektor des Nachkommen von dem des ELTER unterscheiden.

Neben den Merkmalen des als ELTER der nächsten Generation bestellten Nachkommen wird ein Strategieparameter vererbt: die Variations-Schrittweite δ. Sie ist in einfachen Evolutions-strategien ein Skalar δ_n (globale Schrittweite) oder den Komponenten des Objektvariablen- Vektors $V_{m,n}$ zugeordnet $\delta_{m,n}$

(individuelle Schrittweite) Ein einfachster evolutionärer Algorithmus besteht wenigstens aus den drei formalen Elementen:

ein	Elter	... generiert ...
m	Variationen ΔV	... über
g	Generationen	... mit einer ...
δ	Variationsschrittweite	... und n
Z	normalverteilten Zufallszahlen	

Mit dem Grad der Nachahmung der biologischen Evolution nimmt die Güte der Algorithmen zu. Effiziente Evolutionsstrategien und Genetische Algorithmen waren und sind Ziel intensiver Forschung und Entwicklung [Kos-03][Her-00][Her-05][Rec-94][Sche-85][Schw-95][Die-10].

<u>Code einer Evolutionsstrategie mit globaler Schrittweite (in SciLab).</u>

```
function e=Evo(Gen,Mu,dim);
clear all; gfreq=10; count=0;    pivot = (dim*10E-6); breek = 0;    // (dim*10/100)
d=1e-1; alfa = 1.3;                       db =d; de =d; dm = d;      // Schrittweite
qsto=zeros(1,Gen); q=1e12;              qb =q; qe =q; qm = q;        // Qualität
v= abs(10.0*rand(1,dim,'uniform'));  vb= v; ve= v;   vm = v;        // StartMuster
for g=1:Gen                                                          // Gen..begin
  for m=1:Mu                                                         // Mu..begins
   z0=rand(dim,1,'normal');                                          // nvert.ZZ
   if rand()<0.50,dm=de/alfa; else dm=de*alfa; end;                 // Schrittweite
   vm=ve+(dm* z0');                                                  // Mutation
   qm = Rosenbrock(vm);                                              //Any:Evaluation.Qfunction
    if qm<qb,qb=qm;vb=vm;db=dm; end;                                 // Elektion
  end;                                                               // Mu..ends
  qe=qb; ve=vb; de=db; qsto(g)=qe; vsto=vb;    count=count+1;       // Erben
  if count==gfreq, count=0; Eval_SHO_Q(dim,g,Gen,qsto); end;        // Zeigen
   if qb<pivot, if breek==0, breek=g; end; end;                      // pivot
end;                                                                 // Gen..ends
 e=breek;
endfunction;
```

Der Code einer (1,m)-Evolutionsstrategie ist sehr kompakt (10 Zeilen lang; in der Hand eines Experten wahrscheinlich noch eleganter), schnell und in beliebigen Programmiersprachen implementierbar. Die Tabelle zeigt den Code einer Evolutionsstrategie in der c-basierten Programmiersprache SciLAB. Für unser Gestaltungsproblem um einen Tragflügel in einer Bauweise mit „Spherical Joint Mechanism" ist die Evaluierung der (Benchmark-) Qualitätsfunktion (hier: qm=Rosenbrock) durch eine komplexe Verformungs-Umströmungs-Simulation zu ersetzen, in deren Besitz wir uns heute noch nicht befinden. Die Fluid-Struktur-Interaktion in einem numerischen Modell abzubilden, ist eine der bislang noch nicht beantworteten Forschungsfragen.

Ein wichtiger Schritt auf dem Weg zu Tragflügeln mit intelligenter Mechanik führt über so genannte Prelokationsboxen[27], die in [Di-18] beschrieben werden und deren Nomenklatur der Fugendeklaration wir an dieser Stelle übernehmen. Das Motiv, Prälokationsboxen zu entwickeln stammt aus der anwendungsorientierten Erforschung biologischer Formen und ihrer Übertragung auf Artefakte. Speziell die „intelligente Mechanik (i-mech)" natürlicher Konstruktionen, wie sie in der Kinematik der Wirbeltierskelette identifiziert wird, soll in technischen Anwendungen eine Entsprechung finden. Die Information über die Konstruktionspunkte und deren Verknüpfung sind die Determinanten der Prälokationsbox. Der hier verwandte Modus ist Standard in zahlreichen technischen Simulationsumgebungen, beispielsweise der Finite Elemente Methode, FEM. In Konstruktionsknotenpunkten und Knotenverknüpfungen (Fugen) organisierte Datenstrukturen haben den Vorteil einer standardisierten informationellen Weiterverarbeitung in numerischen Transformationen-Szenarien sowie in ihrer visuellen Darstellung. Allerdings taucht während vor dem Hintergrund der PLBoxen das Problem auf, dass die zur Implementation avisierten Programmiersprache-Systeme nicht in gleicher Weise gut (im Sinne von effizient und numerisch schnell) mit in Knoten und Fugen geordneten Daten umgehen und selten eleganter Code[28] das Arbeitsergebnis einer numerischen Prälokation ist. Die Organisation der in Knoten und Fugen geordneten Daten einer PLBox wird in der Tabelle oben für ein sehr einfaches Motiv erkennbar. Es fällt sofort auf, dass die Berandung immer Element der Determinante einer Prälokationsbox ist. Die triviale Determinante ist der Rahmen selbst. Die Schar der Punkte und Verknüpfungen in einer PLBox ist endlich, aber beliebig.

---

[27] Dienst, Mi. (2018) PRÄLOKATIONSBOXEN. Eine erste Phänomenologie generalisierter Grundeinheiten der Vertebratenhand. GRIN-Verlag GmbH München, ISBN(e-Book): 9783668627314, ISBN(Buch): 9783668627321

[28] eleganter und leistungsschneller Code ist für die dynamische Visualisierung in Cave Automatic Virtual Environments (abgekürzt: CAVE) zwingend erforderlich. CAVE bezeichnet einen Raum zur Projektion einer dreidimensionalen Illusionswelt der virtuellen Realität.

Determinanten der Prälokationsbox Y-mesh			
Konstruktionspunkte P			
PNr	x	y	Typ
1	0.0	0.0	NON
2	0.0	1.0	NON
3	1.0	1.0	NON
4	1.0	0.0	NON
5	0.4	0.0	NON
6	0.4	0.6	D01

Fugen, Gelenke, Kanten F			
FNr	P_L	P_R	Typ
1	1	2	BOR
2	1	5	BAS
3	5	6	PAS
4	4	5	BAS
5	3	4	BOR
6	2	6	BIT
7	2	3	BOR
8	3	6	BIT

Topologische Gebiete, Bereiche G							
GNR	F_1	F_2	F_3	F_4	F_5	F_6	Typ
1	1	2	3	6			4
2	3	4	5	8			4
3	6	7	8				3

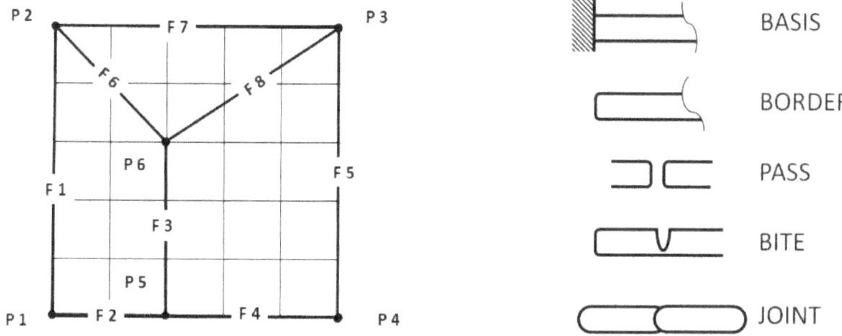

Abb. 3: Prälokationsbox der synthetischen Figur „Y-mesh" mit acht Fugen und sechs Punkten (links). Fugen, Kanten und Gelenke: Festlager (BAS); Konturkante (BOR), durchgehende Fuge (PAS), Filmgelenkfuge (BIT), Gelenkfuge (JOI).

Neben den generalisierten Koordinaten kann jedem Punkt ein Eigenschaftstyp zugeordnet werden. In der Transformationspraxis ist das vielleicht eine aurenhafte Umgebung im Sinne eines Umfelds in welcher keine anderen Punkte geduldet werden[29] oder andere Gestaltungsinformationen.

---

[29] Van der Waals- Umgebung, ein topologisches Instrument, das Punkte einer variablen Geometrie „auf Abstand" hält und/oder Knotenpunkte vereint, was einer Variation der Topologie entspricht und nicht weiter als homologe Transformation gilt.

Zukünftige Forschungsfragen (2), Gelenkfreiheitsgrade biologischer „Spherical Joint Mechanism".

Das Handgelenk des Menschen wird von Morphologen schematisch als ein verzahntes Scharniergelenk beschrieben. Wegen seiner räumlich gewölbten Form und bedingt durch Bänder und Gelenkkapseln ist die Beweglichkeit begrenzt. Die Interkarpalgelenke bezeichnen die gelenkigen Verbindungen der Handwurzelknochen einer Reihe untereinander. Sie sind so genannte Wackelgelenke, die durch zahlreiche Bandzüge versteift und kaum beweglich sind. Die Karpometakarpalgelenke bezeichnen die Verbindung der distalen Handwurzelknochen mit dem zweiten bis fünften Mittelhandknochen. Der oben verwandte Terminus der Karpometakarpalgelenke als „verzahnte Scharniergelenke" weist auf eine prinzipielle Lösung als Grundlage für eine Überführung in artifizielle Bewegungssysteme. Die Kinematik der Wirbeltier-skelette und insbesondere der Mittelhandknochensystem sind derzeit nicht hinreichend geklärt und das Beaufschlagungs-Bewegungsgebaren räumlicher Komplexgetriebe aus diskreten Gelenken und strukturelastischen Elementen bleibt wenig erforscht.

Biologische und die derzeit bevorzugten Gestaltungsparadigmen für artifizielle Gelenkgetriebe mit „Spherical Joint Mechanism" unterschieden sich in einem wichtigen Punkt. Bei künstlichen Gelenkgetrieben soll die erforderliche Elastizi-tät der Gesamtstruktur aus den (Elastizitäts-) Eigenschaften der räumlich wirksamen und darstellbaren Polygon-elementen stammen, während für das biologische Vorbild „geduldet" wird, dass die Elastizität der Gesamtstruktur von der schlecht quantifizierbaren Beweglichkeit aus den als so genannte Wackelgelenke bezeichneten Kopplungen zwischen den (Polygon-) Elementen herrührt. Genau dieser Unterschied in den technischen zu den biologischen Gestaltungsparadigmen muss auf dem Prüfstand einer zukünftigen Forschung untersucht werden.

Jedem, der die Untersuchungen zur intelligenten Mechanik in diesem Aufsatz und in der Primärliteratur zur Gestaltung von artifizielle Gelenkgetrieben mit „Spherical Joint Mechanism" verfolgt ist natürlich klar, weswegen die technische Variante von der Deutung der Mechanismen des biologischen Vorbilds abweicht: für die Beschreibung der Beweglich-keit durch Strukturverformung besitzen wir, wenn schon nicht geschlossene Lösungen, dann doch wenigstens simulatorische Optionen, während dies für „nichteindeutige" Lagerungen eben nicht der Fall ist. Biologische Systeme nichteindeutiger Lagerungen der Gelenke, von den Morphologen zu Recht als „Wackelgelenke" bezeichnet, besitzen auch eine nicht eindeutige Anzahl von Systemfreiheitsgraden. Damit, dass sich die mal ein mal zwei Freiheitsgrade der lokalen Gelenke zu einer nichteindeutigen oder wechselnden Anzahl von systemfreiheitsgraden aufsummieren und diese gelegentlich schwankt, damit könnte ein Ingenieur (vielleicht) noch leben. Dass an den Gelenken technischer Spherical Joint Mechanism lokale Gelenkfreiheitsgrade gebrochenen Grades, also „fraktale Gelenkfreiheitsgrade" ihr Unwesen treiben könnten, davor haben wir – bei allem Respekt vor dem biologischen Vorbild – eine Höllenangst. Die nähere Forschungszukunft auf dem Gebiet der Spherical Joint Mechanism verspricht also jede Menge Spaß.

Michel Felgenhauer, Berlin im Sommer 2018

Bibliographie und weiterführende Literatur

[Abt-03]   Abt, C.; Harries, S.; Heimann, J.; Winter, H.(2003): <u>From Redesign to Optimal Hull Lines by means of Parametric Modeling</u>, 2nd International Conf. on Computer Applications and Information Technology in the Maritime Industries, Hamburg.

[Amo-13]   Amon, H.: (2013) Aus ebenen Gelenksketten hergestellte übergeschlossene Mechanismen. Diplomarbeit TU Graz, 2013.

[Boh- 09]   Bohnacker, H.; Gross, B.; Laub, J.; Lazzeroni, C. (2009). Generative Gestaltung. Schmidt Hermann Verlag.

[Bre-09]   Brenner, M.; Abt, C.; Harries, S.(2009): <u>Feature Modelling and Simulation-driven Design for Faster Processes and Greener Products</u>, ICCAS, Shanghai, 2009

[Byr-04]   Byrnes, Robert. (2004) Metamorphs – Transforming Mathematical Surprises
Tarquin Publications 2004

[Con-96]   Conway, J. H., Guy, R. K., (1996) The Book of Numbers. New York: Springer-Verlag, pp. 283-284,

[Cal-02]   Calistrate, D.; Paulhus, M; Wolfe, D. (2002) On the Lattice Structure of Finite Games. In: More Games of No Chance. Cambridge: Cambridge University Press: 25-30.

[Cro-97]   Cromwell, P.: Polyhedra. Cambridge University Press, 1997.

[Die 18-5]   Dienst, Mi. (2018) PRÄLOKATIONSBOXEN. Eine erste Phänomenologie generalisierter Grundeinheiten der Vertebratenhand. GRIN-Verlag GmbH München, ISBN(e-Book): 9783668627314, ISBN(Buch): 9783668627321

[Die 18-3]   Dienst, Mi. (2018) ÜBER DIE TOPOLOGIE DER VERTEBRATENHAND. Entwicklungsmuster der oberen Wirbeltierextremität in Schemata. GRIN-Verlag GmbH München, ISBN(e-Book): 9783668621077, ISBN(Buch): 9783668621084

[Die-18-2]   Dienst, Mi. (2018) DARCY Transformation. Einige Gedanken zu D'ARCY THOMPSONS THEORIE OF TRANSFORMATION. GRIN-Verlag GmbH München, ISBN(e-Book): 9783668621053, ISBN(Buch): 9783668495197

Die-18-1]   Dienst, Mi. (2018) ÜBER DIE TOPOLOGIE DER VERTEBRATENHAND. Entwicklungsmuster der oberen Wirbeltierextremität in Schemata. GRIN-Verlag GmbH München, ISBN(e-Book): 9783668621077, ISBN(Buch): 9783668621084

[Die- 16-9]   Dienst, Mi. (2016) THE ORIGIN OF BIOLOGICAL COMPLEX GEAR, Design Intent regarding Surfboard fins with "Intelligent Mechanics, i-mech". GRIN-Verlag GmbH München, ISBN(e-Book): 9783668264779, ISBN(Buch): 9783668264786

[Die-10-1]   Dienst, Mi. (2010) Optimierung mit Fortschritt Spektren Adaption. GRIN-Verlag GmbH München. ISBN (E-Book): 978-3-640-55397-6, ISBN: 978-3-640-55355-6.

[Die-09-8]   Dienst, Mi.(2009) Synthetische Muster für lokale Suchalgorithmen. GRIN-Verlag GmbH München. ISBN (E-Book): 978-3-640-49616-7, ISBN: 978-3-640-49633-4

[Die-09-7]   Dienst, Mi.(2009) Algorithmen zur Musterverarbeitung in Optimierungsstrategien nach dem Vorbild der biologischen Signaltransduktion. GRIN-Verlag GmbH München. ISBN (E-Book): 978-3-640-49615-0, ISBN: 978-3-640-49632-7

[Die-09-3]   Dienst, Mi.(2009) Artifizielle Evolution Heute. Optimieren nach dem Vorbild der Natur. GRIN-Verlag GmbH München. ISBN: 978-3-640-39858-4. ISBN (E-Book): 978-3-640-39834-8

[Die-09-1]   Dienst, M., (2008) Musterverarbeitung in Optimierungsstrategien nach dem Vorbild der biologischen Signaltransduktion. In Forschungsbericht 2008/2009 der BHT Berlin, S. 160-163. Publikationen der Beuth Hochschule für Technik Berlin. ISBN 978-3-938576-20-5.

[Die-07]   Dienst, M., (2007) Genesetransformation. Adaption der Transformationscharakteristiken. In Forschungsberichte 2007 der TFH Berlin, S. 166-171. Publikationen der Technischen Fachhochschule Berlin. ISBN 978-3-938576-07-3

[Die-06]   Dienst, M., (2006) Eine Optimierungsumgebung für Genesetransformationen. In Forschungsberichte 2006 der TFH Berlin, S. 115-117. Publikationen der Technischen Fachhochschule Berlin. ISBN 3-938576-07-3

[Die-05]   Dienst, M., (2005) Genesetransformation. Ein Algorithmus zur Synthese von Signalen nach dem Vorbild der biologischen

Musterbildung. In Forschungsberichte 2005 der TFH Berlin, S. 190 – 193. Publikationen der Technischen Fachhochschule Berlin.

[Eig-71] Eigen, M., (1971) Selbstorganisation und Evolution. In: Naturwissenschaften Bd. 58(10), S. 465 - 523, 1971

[Ern-00] Ernhofer, Klaus u. Maas,Wolfgang. (2000) Umstülpbare Modelle der Platonischen Körper Mathematisch-Astronomische Sektion am Goetheanum, Dornach (Schweiz) 2000

[Ger95] Gerhardt, M., Schuster, H. (1995): Das digitale Universum. Zelluläre Automaten als Modelle der Natur. Vieweg, Braunschweig.

[Gfr-08] Gfrerrer, A.: Kinematik und Robotik. Skriptum zur gleichnamigen Vorlesung,
2. Fassung, 2008.

[Gie72] Gierer, A., und Meinhard, H., (1972) A Theorie of biological Pattern Formation. Kybernetic 12, 30-39.

[Gla-07] Glaeser, G.(2007) Geometrie und ihre Anwendungen in Kunst, Natur und Technik. Elsevier GmbH, München, 2. Auflage, 2007.

[Goe-24] K. VON GOEBEL: Die Entfaltungsbewegungen der Pflanzen und deren teleologische Deutung. Jena: Fischer 1924.

[Han-98] Hansen, N. (1998) Verallgemeinerte individuelle Schrittweitenregelung in der Evolutionsstrategie. Dissertation, Technische Universität Berlin 1998.

[Har 07] Harries, S; Abt, C.(2007): <u>FRIENDSHIP-Framework - integrating ship-design modelling, simulation, and optimisation</u>, The Naval Architect, RINA, 2007

[Her-00] Herdy, Michael, (2000) Beiträge zur Theorie und Anwendung der Evolutionsstrategie. Mensch und Buch Verlag, Berlin.

[Her-05] Herdy, Michael, (2005) Anwendung der Evolutionsstrategie in der Industrie. In Evolution zwischen Chaos und Ordnung. S. 123 – 138. Freie Akademie Verlag, Bernau.

[Hol-14] Holzapfel, M.: Eigenschaften platonischer Körper. http://www.michael – holzapfel.de/themen/geom_koerper/platon_koerper/platon_koer per.htm

[Hus-97] Husty, M., Karger, A., Sachs, H., Steinhilper, W.: Kinematik und Robotik.
Springer-Verlag Berlin Heidelberg 1997.

[Kah91]   Kahlert, J. (1991) Vektorielle Optimierung mit Evolutionsstrategien und Anwendungen in der Regelungstechnik. VDI Verlag, Reihe 8 Nr. 234.

[Kos-03]   Kost, Bernd, (2003) Optimierung mit Evolutionsstrategien. Harri Deutsch Verlag, Frankfurt a. M.

[Kre-08]   B. Krebber, H.-D. Kleinschrodt und K. Hochkirch: (2008) Fluid-Struktur-Simulation zur Untersuchung intelligenter Mechanik von Fischflossen. ANSYS Conference & 26. CADFEM Users´ Meeting, ISBN-3-937523-06-5

[Lov-88]   Lovelock, J., (1988) The ages of Gaya. W.W. Norton, New York

[Maa-935]   Maas,Wolfgang u. Sykora, Immo (1993) Umstülpmodelle der Platonischen Körper 2. erweiterte und neu gestaltete Auflage. Werkstatt für Platonische Körper, Kaspar Hauser Therapeutikum, Berlin 1993

[McC65]   McCulloch, W., (1965) Embodiment of minds. Cambridge: Cambridge University Press: 25-30.

[Mef-04]   Meffert, B., Hochmut, O. (2004) Werkzeuge der Signalverarbeitung. Pearson-Studium, München.

[Mei-01]   Meinhard, H., (2001) Auf- und Abbau von Mustern in der Biologie. In Biologie in unserer Zeit, (31), 01.

[Mei-82]   Meinhard, H., (1982) Models of biological pattern formation. Academic Press, London.

[Mei-84]   Meinhard, H., (1984) Models for positional signalling. J. Embriol. Exp. Morph. 83:289-311.

[Miu-80]   K. MIURA: Method of packaging and deployment of large membranes in space. In: Proc. 31st Congr. Int. Astronautics Federation Tokyo (1980) 1–10.

[Mon-71]   Monod, Jacques, (1971) Zufall und Notwendigkeit. Piper Verlag, München

[Mor-03]   Mortimer, Ch., Müller, U. (2003) Das basiswissen der Chemie, Thieme Verlag Stuttgart.

[Nie-83]   Niemann, H., (1983) Klassifikation von Mustern. Springer, Berlin, Heidelberg.

[Nie-90]   Niemann, H., (1990) Pattern Analysis and Understanding, Springer Series in Information Sciences 4. Berlin.

[Ost-97]   Ostermeier, A. (1997) Schrittweitenadaptation in der Evolutionsstrategie mit einem entstochastisierten Ansatz. Diss. Technische Universität Berlin 1997.

[Pru94]   Prusinkiewicz, P., (1994) Visual models of morphogenesis. Artificial Life, 1(1/2):67-74.

[Rea- 07]   Reas, C.; Fry, B. (2007): Processing: A Programming Handbook for Visual Designers and Artists. MIT Press. 2007.

[Rec94]   Rechenberg, Ingo, (1994) Evolutionsstrategie. Frommann Holzboog Verlag Stuttgart- Bad Cannstatt.

[Rie75]   Riedl, R., (1975) Die Ordnung des Lebendigen. Systembidingungen der Evolution. Parey Buchverlag Berlin.

[Roe-13]   Röschel, O.(2013) Perspectivities Established by Six Congruent Triangles. Forum Geom. 2013.

[Roe-12]   Röschel, O. (2012) Overconstrained mechanisms based on trapezohedra. Proc. of the 15th International Conference on Geometry and Graphics, Montreal, 2012.

[Roe-08]   Röschel, O.: Polyeder und der EULERsche Polyedersatz. Skriptum zum Proseminar Geometrie, WS 2008/09.

[Sche-85]   Scheel, Armin (1985) Beitrag zur Theorie der Evolutionsstrategie. Dissertation, TU Berlin.

[Scho-04]   Schottler, Peter (2004) Umstülp-Zeit – Einführung in den Umgang mit Umstülp-Phänomenen und Umstülp-Objekten, Hrsg: KulturatA e.V., Wuppertal 2004

[Schw-95]   Schwefel, H.–P. (1995) Evolution and Optimum Seeking. John Wiley & Sons. New York.

[Wol99]   Wolpert, L., (1999) Entwicklungsbiologie, Spektrum Akademischer Verlag, Heidelberg

[Zie-98]   Ziegler, Renatus (1998) Platonische Körper – Verwandschaften, Metamorphosen, Umstülpungen, Zweite, ergänzte und korrigierte Auflage.